9 Prólogo

CONSTITUIÇÃO DA NAÇÃO DAS PLANTAS

17 **ARTIGO 1**
A Terra é a casa comum da vida. Todo ser vivo é soberano.

31 **ARTIGO 2**
A Nação das Plantas reconhece e garante os direitos invioláveis das comunidades naturais como sociedades baseadas nas relações entre os organismos que as compõem.

45 **ARTIGO 3**
A Nação das Plantas não reconhece as hierarquias animais, baseadas na concentração de funções e centros de comando, e sim favorece democracias vegetais amplas e descentralizadas.

61 **ARTIGO 4**
A Nação das Plantas respeita universalmente os direitos dos seres vivos de hoje e das próximas gerações.

71 **ARTIGO 5**
A Nação das Plantas garante o direito à água, à terra e à atmosfera limpas.

83 **ARTIGO 6**
É proibido o consumo de qualquer recurso não renovável para as gerações futuras dos seres vivos.

95 **ARTIGO 7**
A Nação das Plantas não tem fronteiras. Todo ser vivo é livre para transitar por ela, mudar-se para ela e nela viver sem nenhum entrave.

107 **ARTIGO 8**
A Nação das Plantas reconhece e promove o apoio mútuo entre comunidades naturais de seres vivos como meio de convivência e de progresso.

119 Índice onomástico
123 Sobre o autor

prólogo

Às vésperas do Natal de 1968, pela primeira vez na história uma tripulação humana orbitou a Lua. William Anders, Frank Borman e James Lovell, integrantes da missão *Apollo 8*, foram os primeiros mortais que tiveram a sorte de poder observar o outro lado daquele satélite e se encantar com o espetáculo do nascer da Terra. Em uma das dez órbitas da Lua, William Anders tirou uma foto que ficaria famosa, incorporando-se, com razão, à galeria dos ícones da história recente da humanidade: a aurora da Terra vista da Lua. Todos nós já tivemos oportunidade de ver essa imagem: o globo terrestre surgindo no horizonte lunar parcialmente coberto de sombra na parte inferior, com o Sul no alto à esquerda e a América do Sul no centro da foto. Um mundo azul e verde, cuja superfície é suavemente envolta em nuvens brancas. Essa foto, à qual seu autor deu o nome de *Earthrise* [Nascer da Terra] e a Nasa catalogou com a abreviação menos poética AS8-14-2383HR, mudou para sempre nossa ideia da Terra, revelando-nos um planeta de beleza majestosa, mas também frágil e delicado. Uma ilha colorida de vida em um universo vazio e escuro.

Um planeta verde, branco e azul, por conta da vegetação, das nuvens e das águas. Não fossem as plantas, por um motivo ou outro não existiriam as três cores que são a marca registrada do planeta. São elas que constituem a Terra como a conhecemos. Se não existissem, o planeta seria muito parecido com as imagens que temos de Marte ou Vênus: uma esfera de pedra estéril.

No entanto, sabemos muito pouco, quase nada, desses seres que representam quase tudo o que é vivo, que literalmente formaram o planeta, e dos quais todos os animais – inclusive os humanos, claro – dependem. E isso é um problema enorme, que nos impede de entender a importância das plantas para a vida na Terra e para nossa sobrevivência pessoal e imediata. Percebendo-as muito mais próximas do mundo inorgânico do que da plenitude da vida, cometemos um erro fundamental de perspectiva, que pode nos custar caro. Na tentativa de remediar a falta de consciência e de estima que temos pelo mundo vegetal, uma vez que só entendemos de categorias humanas, este livro trata as plantas como parte de uma nação, de uma comunidade de indivíduos que compartilham origens, costumes, história, organizações e propósitos: a Nação das Plantas.

Ao olhar para as plantas como se olha para uma nação, os resultados são surpreendentes. A Nação das Plantas, com sua bandeira verde, branca e azul (as cores do nosso planeta), representa a nação mais populosa, importante e vasta da Terra (considerando só as árvores, são mais de 3 trilhões).[1] Composta de todas as espécies vegetais do globo, é a nação da qual todos os outros organismos vivos dependem. Vocês acreditavam que as verdadeiras donas da Terra eram as superpotências? Ou, quem sabe, talvez imaginassem que o mercado é quem dava as cartas, fosse ele dos Estados Unidos, da China ou da União Europeia? Pois bem, vocês se enganaram.

1 T. W. Crowther et al., "Mapping Tree Density at a Global Scale". *Nature*, n. 525, 2015, pp. 201–05.

A Nação das Plantas é a única potência planetária verdadeira e eterna. Sem as plantas, os animais não existiriam; a própria vida no planeta talvez não existisse, e, se existisse, seria terrivelmente diferente. Graças à fotossíntese, as plantas produzem todo o oxigênio livre presente no planeta e toda a energia química consumida pelos outros seres vivos. Nós existimos graças às plantas e só poderemos continuar a existir na companhia delas. Seria de grande serventia ter sempre em mente essa noção.

Embora ajam como tal, os humanos não são os donos da Terra, mas apenas alguns de seus inquilinos mais desagradáveis e inoportunos. Portanto, desde a nossa chegada, há cerca de 300 mil anos – nada, se comparados à história da vida, que remonta a 3,8 bilhões de anos –, o ser humano tem sido muito bem-sucedido na missão de mudar de forma drástica as condições do planeta a ponto de torná-lo um lugar perigoso para sua própria sobrevivência. As causas desse comportamento imprudente são em parte inerentes à sua natureza predatória, mas, em parte, creio eu, decorrentes da total incompreensão das regras que regem a existência de uma comunidade de seres vivos. Últimos a chegar ao planeta, nós nos comportamos como crianças que aprontam poucas e boas, sem saber o valor e o significado das coisas com as quais brincam.

Imagino as plantas como zelosos pais que, depois de terem nos possibilitado viver, e tendo percebido nossa incapacidade de nos desenvolvermos autonomamente, vêm de novo em nosso auxílio, oferecendo-nos as regras – verdadeira Constituição – que devem ser seguidas como um manual de sobrevivência da espécie.

O livro que vocês têm em mãos é sobre isto: os oito pilares fundamentais que regem a vida vegetal. Um a mais que os sete pilares da sabedoria de Thomas Edward Lawrence (o célebre

Lawrence das Arábias). Não quero posar de sabichão, desejo apenas ser oportuno.

Fantasiar uma Constituição escrita pelas plantas, da qual sou porta-voz para nosso mundo: foi esse exercício lúdico que deu origem a estas páginas. Uma Constituição escrita pelas plantas, mas não transcrita por elas, e sim por alguém que não conhece nada de leis. Magistrado erudito e muito competente, meu irmão logo me alertou sobre os perigos que eu corria ao brincar com textos sagrados e me aconselhou a abandonar essa ideia. Como todo bom irmão, não ouvi seu conselho, então só me resta esperar pela clemência do tribunal que julgará as inevitáveis imprecisões que consegui inserir nos poucos artigos que regem a Constituição da Nação das Plantas.

É uma Constituição breve que, baseada nos princípios gerais que regulam a convivência das plantas, estabelece normas que dizem respeito a todos os seres vivos. O ser humano não é o centro do Universo, é apenas uma espécie entre as milhões de espécies que, povoando o planeta, formam a comunidade dos seres vivos. Essa comunidade é o objeto da Constituição vegetal; não uma única espécie ou alguns grupos de espécies, mas a vida como um todo. Enquanto nossas constituições conferem ao ser humano o protagonismo de toda a realidade jurídica segundo um antropocentrismo que reduz a *coisas* tudo o que não é humano, as leis das plantas nos oferecem uma revolução. Como naquelas frases nas quais basta mudar o tom ou a cadência de uma única palavra para que o significado geral seja diametralmente oposto, a Constituição das plantas, ao pôr a tônica na comunidade, deslocando assim a ênfase dada a uma única espécie, nos ajuda a compreender as regras que regem a vida.

Nas páginas a seguir, vocês encontrarão os artigos da Constituição da Nação das Plantas, tal como me foram sugeridos pelas próprias plantas a partir da minha familiaridade com essas queridas companheiras de uma viagem que já dura algumas décadas. Cada artigo é acompanhado de uma breve explicação para ajudar na compreensão. Boa leitura.

ARTIGO 1

A Terra é a casa comum da vida. Todo ser vivo é soberano.

Uma área de 510 milhões de quilômetros quadrados; quase 1,1 trilhão de quilômetros cúbicos em volume; uma massa de 5,97 quilos × 10^{24} quilos: são essas as dimensões da nossa casa comum. À primeira vista, pode parecer enorme. Mas não é bem assim. Quando comparada a outros corpos celestes próximos a nós, como o Sol, cujo volume é mais de 1,3 milhão de vezes maior do que o da Terra, ela se mostra como de fato é, um pequeno planeta... mas com qualidades peculiares: até agora, é o único lugar conhecido do Universo no qual a vida se desenvolveu. Acima de tudo, é o único no qual a vida parece *prosperar*. O que torna nosso planeta especial não são suas dimensões, mas é a vida.

A singularidade da Terra, a falta de alternativas plausíveis capazes de hospedar a vida – apesar do que se costuma ouvir sobre as possibilidades de "terraformação" de Marte ou outros corpos improváveis – faz, sim, com que o planeta inteiro deva ser considerado um bem comum, intocável, cuidado e guardado como convém à única casa possível para a vida. Uma casa, aliás, muito frágil: limitada por uma camada superficial que, grosso modo, vai de 10 mil metros abaixo do nível do mar até 10 mil acima dele; 20 quilômetros no total que contêm o único lugar no universo – até onde sabemos – no qual existe vida.

Muitos estão convencidos de que o universo pulsa vida; cálculos bastante sérios sugerem um universo mais lotado que o metrô de Tóquio na hora de pico. Pode ser. Mas eu não apostaria.

A obsessão pela vida alienígena não tem, até hoje, uma só evidência, enquanto a famosa pergunta de Enrico Fermi – "Onde estão todos?" – ainda espera por uma resposta. Essa eterna discussão sobre planetas parecidos com a Terra, nos quais a vida já poderia existir ou onde poderia tranquilamente prosperar, parece representar uma espécie de garantia para os desastres que estamos causando. Uma garantia de que nosso futuro, seja como for, mesmo se dizimarmos os recursos do planeta, poderá seguir em outro lugar. Embora não haja evidência da existência de vida fora da Terra, tentem falar isso para qualquer pessoa interessada na questão e ela começará a elucubrar cálculos. Partindo dos trilhões de galáxias do universo e passando pelo número de planetas provavelmente habitáveis – excluindo aqueles que não têm temperaturas compatíveis com a vida, os muito jovens, os velhos demais, aqueles de que não gostamos etc. –, ela chegará a um número muito alto, não de planetas que abrigam a vida *simples*, mas de civilizações inteligentes e evoluídas pelo menos tanto quanto a nossa. A mãe de todas essas equações, só para explicar como funciona o raciocínio, é a famosa equação formulada nos anos 1960 pelo astrônomo Frank Drake: $N = R \times fp \times ne \times fl \times fi \times fc \times L$.

Segundo essa equação, o número de civilizações (N) em nossa galáxia com as quais poderíamos entrar em contato pode ser determinado ao multiplicar a taxa média de formação estelar na nossa galáxia (R), a fração das estrelas que tem planetas (fp), o número de planetas que pode realmente sustentar a vida (ne), o número de planetas em que a vida realmente se desenvolveu (fl), a fração de planetas que desenvolveu vida inteligente (fi), o número de civilizações que poderia desenvolver tecnologias de transmissão (fc) e, finalmente, a estimativa da duração dessas civilizações evoluídas (L). É claro que, em função dos valores atribuídos aos diferentes parâmetros, poderemos obter um número de galáxias repletas de vida inteligente ou, ao contrário, uma probabilidade próxima a zero de que ela exista.[1]

Então vamos deixar os cálculos de lado. Nas últimas décadas, o conhecimento a respeito de nossos vizinhos no espaço aumentou exponencialmente. E não surgiu nenhuma prova da existência de vida. No verão de 2015, coroando uma

---

[1] A. Sandberg, E. Drexler e T. Ord, *Dissolving the Fermi Paradox*, 2018.

longa série de explorações, a *New Horizons*, sonda espacial da Nasa, chegou a apenas 12,5 mil quilômetros de Plutão, o mais distante dos planetas,[2] e nos enviou as primeiras informações diretas e fotos em close desse distante parente planetário. Uma sonda pousou no cometa 67P/Churyumov-Gerasimenko; Juno entrou na órbita de Júpiter; aos dois *rovers Opportunity* e *Curiosity*, que há alguns anos nos oferecem dados sobre a composição do solo de Marte, recentemente juntou-se um terceiro veículo, o *Insight*, que estudará o subsolo daquele planeta.

    Para mim, mais interessante do que essa exploração incessante do sistema solar é que a composição de cada um dos lugares visitados se mostra sempre muito mais simples que a da Terra. A complexidade do nosso planeta é dada pela vida. Os seres vivos estão tão conectados com a trama da Terra que tentar imaginá-la estéril é impossível, só mesmo em alguma ficção científica apocalíptica. Se desprovida de vida, a Terra se pareceria com alguma coisa entre Vênus e Marte. Ainda seria azul? Bem provável que não. Com certeza não seria verde. Que efeito teria no planeta a ausência total de oxigênio livre? O oxigênio que respiramos é inteiramente produzido por seres vivos. Para ser mais exato, por aqueles capazes de realizar a fotossíntese. Que efeito teria a falta de oxigênio sobre a água, as rochas e o solo do nosso planeta? Ninguém é capaz de responder.

    A verdade é que muito do que vemos na Terra resulta da ação de organismos vivos. Os rios, as costas, as montanhas são desenhadas pela ação da vida: os penhascos brancos de Dover, assim como muitas falésias continentais, são formados pelo acúmulo de sedimentos de esqueletos de inúmeros cocolitóforos (algas unicelulares cobertas de flocos de carbonato de cálcio); quase todo mármore travertino é formado pela ação

---

[2]   Não me venha com planetoide: para mim, Plutão continua sendo o planeta mais distante do Sistema Solar.

de algumas algas; a pirita e a marcassita em rochas sedimentares resultam da redução bacteriana do sulfato. Resumindo, chamar nosso planeta de Gaia e considerá-lo um ser vivo único não é uma teoria ingênua, como muitos o disseram no passado, mas uma forma muito séria de interpretar a importância e a função da vida para a Terra.

Em 2013, com base em informações científicas sólidas, Bob Holmes descreveu – na revista *New Scientist*[3] – um possível cenário do futuro se a vida no planeta se extinguisse. Sem plantas ou outros organismos fotossintetizantes, a produção de oxigênio acabaria num átimo e quantidades crescentes de CO_2 se acumulariam na atmosfera. O aumento das temperaturas faria com que as calotas polares derretessem; os solos deslizariam para os mares por falta de estrutura para fixá-los, deixando uma superfície de rocha descoberta e arenosa muito semelhante às fotos da superfície de Marte que os *rovers* nos enviaram. Em intervalos de tempo de algumas dezenas de milhões de anos, um planeta submetido a um efeito estufa descontrolado com condições tão extremas, semelhantes às de Vênus, ficaria permanentemente inabitável.

Pois bem, retomo a pergunta de Fermi: "Onde estão todos?". Pensar que a vida seja assim tão prosaica no universo, imagino que também decorra da pouca consideração que temos para com nosso belo planeta. Paradoxalmente, porque vivemos nele, pensamos que deve haver outros como ele. Vocês conhecem a teoria da *bolha de filtro*? Não se fala de outra coisa desde que Donald Trump ganhou a eleição. Vocês se surpreenderam com a vitória de Trump para a presidência dos Estados Unidos? Então vocês vivem em uma bolha que não os deixa perceber a realidade.

---

3   B. Holmes, "Lifeless Earth: What if Everything Died Out Tomorrow?". *New Scientist*, n. 936, 2013, pp. 38–41.

A teoria da bolha foi formulada em 2011 por Eli Pariser, em seu livro *O filtro invisível: o que a internet está escondendo de você*. Em poucas palavras, segundo a tese de Pariser, a partir do momento em que nossas opiniões são formadas na internet, corremos o risco de nos blindarmos das informações que não são afins ao nosso mundo cultural ou ideológico (nossa bolha). Com base em informações provenientes de pesquisas realizadas anteriormente – nossos contatos, endereços visitados etc. –, as inteligências artificiais que administram muitos dos principais sites só nos oferecem o que supostamente gostamos ou o que possa nos interessar, isolando-nos de qualquer exposição a ideias novas ou distantes de nosso modo de ver o mundo, que poderia modificar nossa percepção da realidade. Uma teoria válida, mas que eu não limitaria à internet: cada um de nós, com ou sem internet, vive dentro da própria bolha, saindo com pessoas que pensam de forma semelhante à nossa, com gostos e atitudes compatíveis com os nossos. Vivendo em nossas bolhas, pensamos que o que percebemos como normal e compartilhado representa toda a realidade. E aí Trump entra em cena e nos dá uma rasteira.

Bem, agora que entendemos o que é uma bolha, vamos estender seu significado para toda a comunidade dos seres humanos. Todos vivemos em uma bolha de vida. Nós estamos vivos, as plantas estão vivas, os insetos, os peixes, os pássaros, os micróbios vivem; não há lugar na Terra desprovido de miríades de formas de vida. Nossa bolha está tão imersa na vida que pensamos ser essa a condição normal no universo. Não somos capazes de nos imaginarmos como depositários de um destino único e afortunado. E no entanto podemos muito bem estar dentro de uma bolha constituída dos beneficiários de um enorme e incomensurável golpe de sorte. Só uma bolha, em todo o universo, constituída de seres vivos. A única bolha, enfim.

Eu sei, falando assim parece impossível. É como se nos dissessem que acabamos de ganhar na loteria galática: ninguém de bom senso acreditaria. Maria Antonieta não entendeu por que o povo não se alimentava de brioche. São erros de percepção que podem nos custar a cabeça.

Uma vez esclarecida a imensa fortuna da qual somos depositários, trata-se de compreender a quem ela pertence. Quem é o responsável por essa casa comum a todos? A quem cabe sua soberania? Nossa resposta óbvia é que a Terra pertence ao ser humano. Ou seja, o *Homo sapiens* é a única espécie que tem o direito de dispor do planeta de acordo com suas necessidades. Essa afirmação é tão trivial que dispensa evidências para apoiá-la. Desde quando o destino de outras espécies tem sido um limite às nossas ações? Sempre nos chamamos de Senhores da Terra e, embora talvez os mais progressistas possam sentir certa vergonha em se considerarem senhores de alguma coisa, essa é, queira ou não, a nossa convicção interior. Vocês vão ver.

A Terra nos pertence. Dividimos sua superfície em Estados, cuja soberania atribuímos aos vários grupos humanos que, por sua vez, confiaram seu destino a um número muito limitado de pessoas. São elas que detêm a real soberania sobre a Terra. *Poucas pessoas são responsáveis pela soberania do único planeta do universo onde existe vida.* Não sei em que medida vocês se impressionaram com o absurdo dessa questão, mas às vezes, quando penso nisso, sinto uma espécie de vertigem e como se tivesse sido transplantado para um daqueles infinitos universos paralelos onde a lógica não funciona como estamos acostumados. Um universo governado por regras malucas, ainda que menos fascinantes do que as do País das Maravilhas de Alice. Antes de mais nada, quem ou o quê nos investe do título de Senhores do Planeta? O direito natural ou o direito divino? Talvez uma evidente superioridade sobre outras espécies, cujas deficiências intelectuais temos que compensar como bons tutores? Ou não passa de uma questão de democracia, que depende de nossa superioridade numérica?

Deixando de lado o direito natural e o direito divino, que não podem ser verificados pela lógica, restam essencialmente duas possibilidades. A primeira: somos os Senhores da Terra porque somos a espécie mais numerosa – vamos chamá-la de *opção democrática*. A segunda: somos os Senhores da Terra porque somos melhores do que qualquer outra espécie viva do planeta – vamos chamá-la de *opção aristocrática* (a qual, me dou conta, inclui, para felicidade dos mais nostálgicos, também o direito natural e o direito divino).

Comecemos pela opção democrática, embora eu tenha certeza de que, para a maioria dos meus leitores instruídos, esteja evidente que essa não é uma solução possível. O ser humano, com seus 8 bilhões de exemplares, representa uma quantidade de biomassa (isto é, de massa viva) igual a um décimo de milésimo de toda a biomassa do planeta. Das 550 gigatoneladas (uma gigatonelada é igual a um bilhão de toneladas) de biomassa carbonácea na Terra,[4] os animais representam cerca de 2 gigatoneladas; os insetos, cerca de metade disso; os peixes respondem por 0,7 gigatonelada. Todo o resto, que inclui mamíferos, aves, nematódeos e moluscos, consiste em 0,3 gigatonelada. Só os cogumelos têm uma biomassa seis vezes maior que a dos animais (12 gigatoneladas). As plantas (450 gigatoneladas) representam mais de 80% da biomassa da Terra, enquanto os seres humanos, com 0,06 gigatonelada, correspondem a 0,01%. Fica claro que não é em virtude da superioridade numérica que exercemos a soberania sobre o planeta. A soberania da Terra por quantidade e relevância deve pertencer às plantas.

[4] Y. M. Bar-On, R. Phillips e R. Milo, "The Biomass Distribution on Earth". *PNAS*, n. 115, 2018, pp. 6506–11.

Tendo descartado a opção democrática por óbvia inconsistência, permance a aristocrática. Do grego άριστος, *àristos*, "melhor", e κράτος, *cràtos*, "poder", nós somos os Senhores da Terra porque somos *melhores* do que qualquer outra espécie que já tenha existido. Tenho certeza de que a opção aristocrática parece muito mais convincente e robusta. Quem entre nós não está intimamente convencido de que não é melhor de que qualquer outra espécie viva? Não estamos brincando. Podemos ser ambientalistas, *hipsters*, verdes, místicos, materialistas, religiosos, ateus, anarquistas ou realistas, mas todos concordamos em um ponto: somos melhores do que macacos, vacas, damasqueiros, samambaias, bactérias e mofos. Mais uma vez a afirmação parece tão óbvia que dispensa mais fundamentação. Nós *somos* melhores do que qualquer outra espécie viva, há pouco a discutir a esse respeito. Somos melhores porque nosso grande cérebro nos permite fazer coisas que são impossíveis para qualquer outra espécie. Graças a esse cérebro poderoso pintamos a Capela Sistina, esculpimos a *Vênus de Milo*, inventamos a teoria da relatividade, escrevemos a *Divina comédia*, construímos as pirâmides do Egito, refletimos sobre a existência. Qual outro ser vivo seria capaz de feitos semelhantes? Que outra espécie poderia se perguntar a quem pertence a soberania do planeta? Não pode haver dúvida: o ser humano é melhor do que qualquer outro organismo vivo!

É em virtude dessa superioridade absoluta que somos os Senhores do Planeta. E, no entanto, vamos por um momento fazer um esforço para desviar os olhos do esplendor da nossa singularidade. Não mais deslumbrados pelas maravilhosas realizações humanas, vamos procurar refletir sobre o que de fato significa sermos *melhores*. O conceito de "melhor" inevitavelmente requer um objetivo. Numa corrida de velocidade acima de cem metros, quem os percorre em dez segundos é *melhor* do que aquele que os percorre em onze. Numa competição de salto em altura, quem pula dois metros é *melhor* do que quem pula um metro e noventa. Roger Federer é indiscutivelmente melhor do que qualquer outro tenista. Fiódor Dostoiévski é melhor do que quase todos os demais. Mas, na história da vida, o que significa ser "melhor"? Aliás: o conceito de "melhor" faz sentido na história da evolução da vida? Já que deve existir um objetivo para que haja um sentido, qual é o objetivo da vida? Parece uma daquelas terríveis questões existenciais que nos quebram as pernas, e no entanto a resposta é muito simples: o objetivo da vida é a sobrevivência das espécies. Darwin nos diz que a evolução recompensa os mais aptos: o melhor organismo é o mais apto a sobreviver.

Demos um grande passo. Agora que sabemos qual é o objetivo, deveria ser fácil demonstrar nossa suposta superioridade. Na verdade, qualquer um de nós acredita que ter um cérebro tão desenvolvido é certamente uma vantagem na luta pela sobrevivência. Mas temos certeza disso? Por que a certeza de nossa superioridade é tão inabalável? Não estaríamos caindo em outra dessas muitas distorções cognitivas, como a pequena bolha de filtro, que parecem afligir nosso glorificado cérebro?

Existe uma disfunção cognitiva chamada efeito Dunning-Kruger[5] que induz indivíduos que não dominam determinado assunto a superestimar as próprias habilidades naquele mesmo campo. Não é que antes de Dunning e Kruger ninguém tivesse percebido esse fenômeno. A partir de Sócrates há uma sucessão de "eu sei que nada sei", mas lembrar disso nunca é demais. De qualquer forma, é sempre melhor que nos apoiemos em dados objetivos em vez de nos autodecla-

---

5   J. Kruger e D. Dunning-Kruger, "Unskilled and Unaware of It: How Difficulties in Recognizing One's Own Incompetence Lead to Inflated Self-Assessments". *Journal of Personality and Social Psychology*, n. 77, 1999, pp. 1121–34.

rarmos superiores, correndo o risco de também cair no efeito Dunning-Kruger.

Considerando que o objetivo da vida é a sobrevivência, as espécies possivelmente melhores que outras são aquelas mais capazes de atingir esse objetivo. Bem, o problema agora está claro: sabendo quanto tempo uma espécie sobrevive no planeta, ao compará-la com o ser humano deveríamos conseguir elaborar um ranking das melhores espécies. Não é fácil obter dados certeiros sobre a vida média das espécies, porém estimativas confiáveis dizem que, entre os animais, ela varia de 10 milhões de anos para os invertebrados a um milhão de anos para os mamíferos.[6] Mais complexo é obter dados sobre o mundo vegetal, pois as plantas sobrevivem em média muito mais que os animais. O *Ginkgo biloba* tem provavelmente mais de 250 milhões de anos, as cavalinhas já eram comuns há 350 milhões de anos. Uma samambaia, *Osmunda cinnamomea*, foi encontrada em rochas fósseis de 70 milhões de anos. Em geral, estima-se que a vida média de uma espécie, animal ou vegetal, seja de 5 milhões de anos.

Agora, de posse dos dados, é hora de se perguntar por quanto tempo imaginamos que o ser humano pode sobreviver como espécie. É evidente que aqui os dados não podem nos ajudar. No entanto, tenho certeza de que, se perguntarmos àqueles que estão intimamente convencidos da superioridade da espécie se acreditam que o ser humano sobreviverá por mais 100 mil anos, as respostas não seriam tão otimistas. Por quê? Por que consideramos improvável que nossa espécie possa sobreviver por apenas mais 100 mil anos quando, para atingir a média de outras espécies vivas, estaríamos autorizados a esperar por mais 4 milhões e 700 mil? Acho que isso

---

[6] J. H. Lawton, R.M. May (org.), *Extinction Rates*. Oxford: Oxford University Press, 1995.

se deve aos desastres que conseguimos provocar no planeta em um intervalo de tempo incrivelmente curto como os últimos 10 mil anos, ou seja, a partir do momento em que o ser humano, ao inventar a agricultura, começou a interferir profundamente no ambiente em que vive.

Não acreditamos que vamos sobreviver como espécie por tanto tempo porque estamos bem cientes de que o nosso grande cérebro, do qual tanto nos orgulhamos, tenha sido capaz de produzir, além da *Divina comédia*, também uma série de inúmeros perigos que podem nos varrer do planeta a qualquer momento. Assim, os macacos, as vacas, os damasqueiros, as samambaias, as bactérias e os cogumelos continuarão a se extinguir devido às catástrofes apocalípticas, cuja frequência na Terra é medida em milhões de anos, enquanto nós corremos o risco de desaparecer a qualquer instante. E se desaparecermos amanhã, em mil anos ou em cem mil, em mais cem mil anos, o que restaria da Capela Sistina, da *Vênus de Milo*, da teoria da relatividade, da *Divina comédia*, das pirâmides do Egito e de todo o nosso raciocínio? Nada. Quem se importaria com essas maravilhas?

É por isso que a sábia Nação das Plantas, nascida centenas de milhões de anos antes de qualquer nação humana, garante a todos a soberania dos seres vivos na Terra: para impedir que espécies individuais bastante presunçosas possam ser extintas muito antes da hora, provando assim que seu cérebro avantajado não era de forma alguma uma vantagem, mas uma desvantagem evolutiva.

ARTIGO 2

A Nação das Plantas reconhece e garante os direitos invioláveis das comunidades naturais como sociedades baseadas nas relações entre os organismos que as compõem.

Tenho certeza de que muitos de vocês, leitores eruditos, conhecem *A origem das espécies* de Charles Darwin de trás para a frente; se alguém ainda tiver essa lacuna em sua formação, corra para preenchê-la. É um livro fundamental para entender como a vida funciona. E é incrível pensar como essa obra, que literalmente mudou a história do mundo, seja apenas uma síntese das inúmeras observações que Darwin registrou para dar sustentação à sua teoria da evolução das espécies vivas. Foram anotações em vários âmbitos científicos, ao longo de décadas, a partir de diversos lugares do mundo. Seu plano era escrever uma obra colossal e detalhada relatando os frutos dessa extensa pesquisa. Colossal e inatacável por qualquer tipo de crítica.

Como se sabe, as coisas correram de outro modo. Como Wallace chegou às mesmas conclusões, Darwin precisou rever seus planos e viu-se obrigado a resumir suas deduções mais brilhantes e mais bem fundamentadas, deixando o restante do material para elaborações posteriores. O enorme corpus no qual ele estava trabalhando, no entanto, não se perdeu, pelo contrário. Os dois primeiros capítulos de sua obra principal, que deveria se chamar *Seleção natural*, transformaram-se nos dois volumes de *A variação das plantas e animais domesticados*, e muita coisa do que restou do material foi readaptada na elaboração de sua produção posterior. Em todo caso, no terceiro capítulo de *A origem das espécies*, dedicado à luta pela existência – a famosa *struggle for existence* que é o tema predominante da obra –, Darwin nos dá um maravilhoso exemplo do encadeamento das relações, determinante para a compreensão dos vínculos entre os seres vivos e as inimagináveis consequências que podem advir quando se interfere nesses mesmos vínculos.

Darwin escreve: que animais vocês poderiam supor mais distantes um do outro do que um gato e um abelhão? Embora à primeira vista as relações entre eles possam parecer inexistentes, elas são tão estreitas que, se modificadas, as consequências seriam tantas e tão profundas que nem poderiam ser imaginadas. Entre os principais inimigos dos abelhões estão os ratos, diz Darwin, que comem suas larvas e destroem seus ninhos. Por sua vez, como todos sabem, os ratos são a presa favorita dos gatos. Daí que, nas proximidades de aldeias – onde há mais gatos – há menos ratos e, consequentemente, mais abelhões. Até aqui está claro? Bem, então continuemos.

Os abelhões são os principais polinizadores de muitas espécies vegetais, e é sabido que, quanto maior e melhor a polinização, maior o número de sementes produzidas pelas plantas. O número e a qualidade das sementes dependem da maior ou menor presença de insetos, que, como se sabe, são o principal alimento de numerosas populações de aves. Poderíamos continuar unindo um grupo de seres vivos a outro, por horas e horas: bactérias, fungos, insetos, peixes, moluscos, mamíferos, palmeiras, pássaros, cereais, répteis, orquídeas, um após o outro, até perder o fôlego, como naquelas canções de ninar que, sem interrupção, ligam um evento a outro. As relações ecológicas para as quais Darwin nos chama a atenção falam de um mundo de laços muito mais complexos e inapreensíveis que jamais teríamos suposto. Relações tão complexas a ponto de conectar em uma única rede todos os seres vivos, tudo com tudo.

É conhecida aquela historieta dos biólogos alemães Ernst Haeckel e Carl Vogt sobre o encadeamento das relações proposto por Darwin. A sorte da Inglaterra dependeria dos gatos, eles dizem. Alimentando-se dos ratos, esses bichanos aumentariam as chances de sobrevivência dos abelhões, que ao polinizar os trevos, dos quais se alimentam os novilhos, cuja carne alimenta os marinheiros ingleses, permitiriam à Marinha britânica – que, como se sabe, representa a verdadeira força na qual se esteia o império – desenvolver seu poderio. Thomas

Huxley, levando adiante a brincadeira, acrescentou que a verdadeira força do Império não eram os gatos, mas o amor duradouro das solteironas inglesas pelos gatos.

Uma brincadeira atrás da qual reside a simples verdade de que todas as espécies vivas estão, de um modo ou de outro, conectadas umas às outras por meio de relações óbvias ou ocultas, e que agir sobre uma delas diretamente, ou apenas alterar seu ambiente, pode ter consequências inesperadas. Imaginar as últimas consequências de uma alteração qualquer dessas relações, escreve Darwin, "seria tão vão como atirar para cima um punhado de serragem ou de penas em um dia de vento e tentar prever onde cada partícula cairá".[1] A história está repleta de tentativas, quase sempre malsucedidas, de alterar a presença ou ação de determinada espécie.

Vamos tomar como exemplo o caso da cor vermelha. Quando, em 1519, Hernán Cortés e seus "conquistadores" entraram pela primeira vez na capital asteca Tenochtitlán (atual Cidade do México), eles encontraram uma cidade populosa (na Europa de então, apenas Nápoles, Paris e Constantinopla tinham uma população maior) e muito rica. Na enorme praça do mercado, um sem-fim de produtos nunca vistos, muitos deles de grande valor, só estavam esperando para serem transportados para os mercados europeus. Entre eles, fardos de algodão tecido finamente e fios delicados de um fabuloso vermelho-carmim. A tinta usada pelos nativos para produzir esse tom de vermelho era obtida a partir de um pequeno inseto, a cochonilha, que vivia no figo-da-índia (várias espécies pertencentes ao gênero *Opuntia*). Sim, era uma cor tão linda e preciosa que os povos submetidos aos astecas eram obrigados a todo ano fornecer ao imperador,

---

[1] R. C. Stauffer, *Charles Darwin's Natural Selection*. Cambridge: Cambridge University Press, 1975.

como tributo, certo número de sacos de cochonilhas. Dos corpos secos desses insetos obtinha-se – e ainda se obtém – um corante muito vistoso de um carmim brilhante.

Ao longo de pelo menos dois séculos e meio a produção desse corante foi monopólio da Espanha, que o manteve em segredo e fez dele um grande e lucrativo comércio na Europa, vendendo-o a quem pudesse pagar, mas sobretudo aos ingleses, que logo se tornaram os consumidores mais entusiasmados e ávidos. Apaixonados pelo carmim espanhol, que utilizavam para colorir seus uniformes (os famosos *red coats*, "jaquetas vermelhas"), eles chegavam a pagar um preço alto mesmo durante as frequentes guerras contra a Espanha, nas quais lutavam com esses mesmos uniformes. Quem corre por prazer não cansa. Aquele tom de carmim fornecido pelos corantes espanhóis era crucial para os militares britânicos. Todos os outros tons teriam tornado seus casacos menos vermelhos, degradando a nobreza gloriosa do uniforme. Enfim, que papelão não teriam feito se usassem uniformes desbotados? Os inimigos teriam morrido de rir, e esse não era o jeito certo de vencer uma guerra.

Apesar dos incansáveis esforço dos ingleses para se livrar desse jugo mercantil, o segredo do corante prodigioso permaneceu guardado a sete chaves, só conhecido por alguns poucos produtores espanhóis abençoados pela sorte. Mas nenhum segredo industrial permanece guardado para sempre, e no final do século XVII espiões britânicos finalmente obtiveram a informação tão cobiçada: para conseguir aquele tom de vermelho, eram necessárias cochonilhas e, para obter cochonilhas, eram essenciais os figos-da-índia. Com a informação certa em mãos, só faltava o local para iniciar a produção. Candidatos havia de sobra: o Império era enorme e espalhado por todos os continentes. A escolha recaiu sobre a felizarda Austrália. Um lugar onde o figo-da-índia jamais havia sido cultivado, mas com clima perfeito para seu crescimento rápido. Plantas e cochonilhas foram importadas para lá.

Os resultados, no entanto, não foram os esperados. As cochonilhas morreram assim que chegaram, enquanto o figo-da-índia, àquela altura inútil, foi abandonado a seu destino australiano. Um destino de conquistador. Ao contrário dos pequenos insetos, o figo-da-índia encontrou naquele país o ambiente perfeito para se espalhar. Sem nenhum obstáculo ou inimigo natural e com tantos pássaros que espalhavam suas sementes por todos os lugares, em poucos anos a planta se alastrou por um enorme território. Desembarcando na Austrália em 1788, oriundo do Brasil, estima-se que em 1920 o figo-da-índia já havia se espraiado por mais de 30 milhões de hectares, e sua expansão não parou, continuando a conquistar novos territórios na impressionante velocidade de meio milhão de hectares por ano. Assim, muitas áreas cultivadas, fazendas, pastagens, áreas agrícolas de Queensland e New South Wales foram invadidas por essas plantas, expulsando os colonos e impedindo qualquer tipo de atividade produtiva. Em resumo, o problema tornou-se muito grave, levando as autoridades, a partir da segunda metade do século XIX, a procurar possíveis soluções.

Em 1901 o governo de New South Wales oferecia 5 mil libras esterlinas a quem inventasse um modo de conter a invasão. Em 1907, embora o prêmio tivesse sido dobrado, ainda ninguém parecia capaz de encontrar uma solução. Claro, não faltaram ideias estrambóticas. Muitos se apresentaram com propostas, digamos, radicais. Aumentar o número de coelhos, por exemplo – outra história interessante de introdução de espécies que acabou mal –, como predadores do figo-da-índia ou mesmo evacuar um território enorme e espalhar gás de mostarda (aquele que foi amplamente utilizado durante a Primeira Guerra) para exterminar a população animal, responsável pela propagação das sementes do figo-da-índia. Ainda bem que nenhuma dessas ideias foi adiante e, por décadas, a única arma contra o avanço devastador da espécie foi cortar e queimar as plantas. Então, em 1926, finalmente encontrou-se uma solução: um lepidóptero argentino (uma borboleta) conhecido como *Cactoblastis cactorum*, parasita de várias espécies de *Opuntia*. Em cerca de vinte anos, suas larvas, alimentando-se dos cladódios (assim se chamam as folhas modificadas do figo-da-índia), erradicaram o perigo em muitas áreas da Austrália. A solução foi extraordinariamente bem-sucedida e inesperada. Em pouco tempo, exceto nas regiões mais frias, onde a borboleta não se aclimatou de forma eficaz, a ameaça do figo-da-índia havia sido contida.

Então tudo certo? Em parte. Não obstante mencionar-se a introdução da *Cactoblastis* na Austrália como uma operação bem-sucedida e até mesmo, na cidade de Chinchilla, Queensland, terem dedicado a essa borboleta o Cactoblastis Memorial Hall, cabe sempre à natureza a última palavra. Com o tempo, desenvolveram-se na Austrália populações de figo-da-índia resistentes ao parasita, o que foi uma primeira complicação – não grave, mas que nos anos seguintes exigiria um controle mais cuidadoso das populações de cactos. A segunda e mais importante dificuldade, porém, é que o sucesso australiano em conter a ocupação do figo-da-índia incentivou muitas outras nações com problemas semelhantes a adotar a mesma estratégia, com resultados inesperados. Como Darwin nos lembrou, tentar antecipar o que pode ocorrer em tal situação é como tentar antecipar onde uma pena vai cair num dia de vento.

Na década de 1960, a *Cactoblastis* foi introduzida em Montserrat e Antígua como um agente de controle das populações locais de cactos. Na Austrália, a pena caíra no lugar certo; na América Central, não. Do Caribe, a borboleta, usando todos os tipos de vetores, logo se espalhou por Porto Rico, Barbados,

Ilhas Cayman, Cuba, Haiti e República Dominicana. Com a importação de figos da República Dominicana, ela chegou pela primeira vez à Flórida em 1989, e a partir daí começou a mover-se a uma velocidade estimada de cerca de 150 quilômetros por ano ao longo das costas do golfo do México. Em seu caminho, o parasita, agora completamente fora de controle, colocou em perigo muitas populações de cactus dos Estados Unidos, ameaçando ecossistemas inteiros, alguns deles únicos. Um exemplo clássico é o ataque aos figos-da-índia de San Salvador nas Bahamas, importante fonte de alimento para as últimas populações de iguanas *Cyclura* existentes.

E, se isso não bastasse, furacões, transportes involuntários ou comércio levaram recentemente a *Cactoblastis* até o México, onde foi vista pela primeira vez na isla Mujeres, fora da península de Yucatán. No México, esse cacto, ao contrário do que ocorre na Austrália, é uma planta vital. Ela aparece até no brasão e na bandeira; seus frutos e o cladódio são um alimento básico para a população; é usado para alimentar o gado em períodos de seca e algumas espécies de *Opuntia* ainda são empregadas na indústria de tintura da cochonilha. Se invadisse o território continental, o dano seria enorme.

Entretanto, entre os desastres causados pelo ser humano, frutos de decisões precipitadas baseadas numa compreensão limitada das relações naturais, nenhum jamais será comparável ao que Mao Tsé-tung desencadeou no final dos anos 1950. Entre 1958 e 1962, o Partido Comunista chinês liderou um movimento econômico e social que ficou conhecido como Grande Salto Adiante: um enorme esforço coletivo que deveria em poucos anos transformar em grande potência industrial a nação agrícola que era a China. Os resultados, porém, foram dramaticamente diferentes do que se esperava. As reformas por meio das quais o partido pensava efetuar essa mudança radical – algumas delas com efeitos trágicos – afetaram todos os campos da vida chinesa. Em 1958, Mao estava convencido, e com razão, de que algumas pragas que afligiam a nação havia séculos deveriam ser erradicadas imediata e radicalmente. Lembramos que, quando tomaram o poder, no outono de 1949, os comunistas depararam com uma população severamente prejudicada pela alta incidência de doenças infecciosas: peste bubônica, cólera, varíola, tuberculose, poliomielite, malária, todas eram endêmicas em grande parte do território – as epidemias de cólera eram muito frequentes e a mortalidade infantil chegava a 30%.[2]

A criação de um Serviço Nacional de Saúde e uma campanha massiva de vacinação contra a peste bubônica e a varíola estiveram entre as primeiras e mais importantes iniciativas para melhorar a situação. Redes de esgoto e de tratamento de água e resíduos foram criadas por toda parte e, a exemplo da União Soviética, foram enviados médicos para as áreas rurais, que atuaram como administradores da saúde pública, ensinando à população práticas de saneamento básico e cuidando das doenças com os recursos disponíveis. Entretanto, isso não bastava, uma vez que era necessário barrar os vetores que espalhavam as doenças: os mosquitos, responsáveis pela malária; os ratos, pela peste bubônica, e, enfim, as moscas – eram essas as "pragas" das quais era preciso se livrar. A essas três, logo se acrescentou uma quarta: os pardais. Esses pássaros, que se alimentavam de frutas e arroz, cultivados com dificuldade nos campos, representavam um dos mais terríveis inimigos do povo. Cientistas calcularam que cada ave consumia 4,5 quilos de grãos por ano. Assim, cada milhão de pardais mortos significaria uma economia de comida capaz de alimentar 60 mil pessoas.

[2] D. M. Lampton, "Public Health and Politics in China's Past Two Decades". *Health Services Reports*, n. 87, 1972, pp. 895-904.

Com base nessas informações, surgiu a campanha contra as quatro pragas – os pardais encabeçando a lista dos inimigos a serem aniquilados. Hoje, uma iniciativa de mudança do ecossistema tão radical quanto eliminar quatro espécies de um território vasto como a China seria obviamente considerada imprudente, mas em 1958 muitos julgaram uma ótima ideia. E assim teve início a campanha de mobilização dos cidadãos para combater essas pragas. Milhões de cartazes foram impressos explicando a necessidade da erradicação e os meios com os quais realizá-la. Quanto aos pardais, a luta deveria ser incessante e conduzida com todas as ferramentas disponíveis. Uma das diretrizes era assustar os pássaros com ruídos, produzidos por qualquer meio, para que não pousassem e assim se vissem forçados a voar até cair, extenuados. Panelas, caçarolas, gongos, espingardas, trombetas, buzinas, pratos, tambores: tudo o que pudesse fazer barulho. Mikhail A. Klochko,[3] um russo que trabalhava como consultor em Pequim e que testemunhou o início da grande campanha contra as quatro pragas, conta:

> Acordei de manhã cedo com os gritos de uma mulher. Da janela vi uma jovem correndo de um lado para o outro no telhado de um prédio vizinho, agitando freneticamente uma vara de bambu em cuja ponta havia um grande lençol amarrado. De repente ela se calou, ao que tudo indicava para recuperar o fôlego, mas logo depois, na rua, um tambor começou a bater e ela voltou a gritar e a agitar loucamente sua curiosa bandeira. Isso durou vários minutos; então os tambores pararam e a mulher ficou em silêncio. Percebi que, em todos os andares altos do hotel, mulheres vestidas de branco agitavam lençóis e toalhas que deveriam impedir que

---

[3] Mikhail A. Klochko, *Soviet Scientist in Red China*. London: Hollis & Carter, 1964.

os pardais pousassem no prédio. Essa foi a abertura da campanha antipardal. Durante o dia todo, ouviram-se tambores, tiros e gritos enquanto lençóis se agitavam, mas em nenhum momento vi um único pardal. Não posso afirmar que os pobres pássaros, pressentindo o risco, tivessem fugido para um terreno mais seguro, ou que nunca houvesse existido pardais naquele lugar. Mas sem que nenhum pássaro fosse abatido, a batalha continuou até o meio-dia, com todo o pessoal do hotel mobilizado e ativo: carregadores, recepcionistas, intérpretes, camareiras e todo o resto.

Embora no relato de Klochko a ação não pareça ter grande eficácia, os resultados foram dramáticos. O governo saudou escolas, grupos de trabalho e agências governamentais que obtiveram os melhores resultados em termos de baixas. As estimativas fornecidas pelas autoridades, totalmente incertas, mencionavam um bilhão e meio de ratos e um bilhão de pardais mortos. Embora possam ser exagerados, esses números nos falam de um massacre cujas consequências dramáticas não demorariam a se manifestar.

    O pardal não se alimenta só de grãos: na verdade, seu principal sustento são os insetos. Em 1959, Mao, percebendo o erro, destronou esses pássaros da categoria de praga, substituindo-os pelos percevejos. Tarde demais: o estrago estava feito. A quase absoluta ausência na China não só de pardais (que foram reintroduzidos pela União Soviética), mas praticamente de todas as outras aves, fez com que a população de insetos se multiplicasse. O número de gafanhotos cresceu exponencialmente, imensos enxames que transitavam pelos campos da China destruíram a maioria das colheitas. Entre 1959 e 1961, uma série de eventos infelizes, em parte relacionados a desastres naturais, em parte devido a reformas equivocadas do Grande Salto Adiante – incluindo a ideia de exterminar os pardais, sem dúvida uma das piores da história –, provocou três anos de uma carestia que pode ter matado de 20 a 40 milhões de pessoas. O número exato de vítimas nunca foi confirmado.

Brincar com eventos cujos mecanismos de funcionamento não são bem conhecidos é sabidamente perigoso – as consequências podem ser imprevisíveis. A força das comunidades ecológicas é um dos pilares da vida na Terra. Em qualquer nível, do microscópico ao macroscópico, são as comunidades, entendidas como as relações entre os seres vivos, que permitem a continuidade da vida. Já em 1961,[4] realizou-se uma das primeiras pesquisas que contou com calculadoras eletrônicas para efetuar os inúmeros e complexos cálculos exigidos pelos modelos. Tal estudo mostrou que as comunidades de organismos microscópicos flutuantes no rio York, na Virgínia, não estavam à mercê do ambiente, mas que, juntas, tinham uma capacidade cinco vezes maior de resistir às variações do ambiente.

As relações entre os seres vivos formam comunidades cuja força é capaz de influenciar ativamente o ambiente físico. As comunidades são a base da vida na Terra. O planeta inteiro deve ser considerado um único ser vivo – é a teoria de Gaia – cujos mecanismos de equilíbrio (em termos mais técnicos, dizemos homeostase) são capazes de gerar as forças e contraforças necessárias para diminuir as oscilações de um ambiente em constante mudança. Para entender melhor, é algo semelhante aos mecanismos que tornam constante nossa temperatura, a despeito da permanente oscilação da temperatura ambiente. A vida evoluiu por meio dessas comunidades e sua existência só poderá continuar se o ser humano for proibido de interferir. É por isso que a Nação das Plantas reconhece como inalienável o direito à inviolabilidade de qualquer comunidade natural.

[4] B. C. Patten, "Preliminary Method for Estimating Stability in Plankton". *Science*, n. 134, 1961, pp. 1010–11.

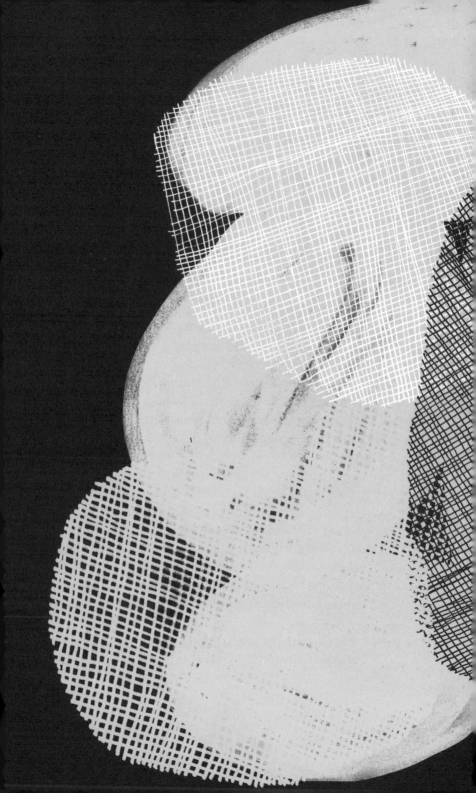

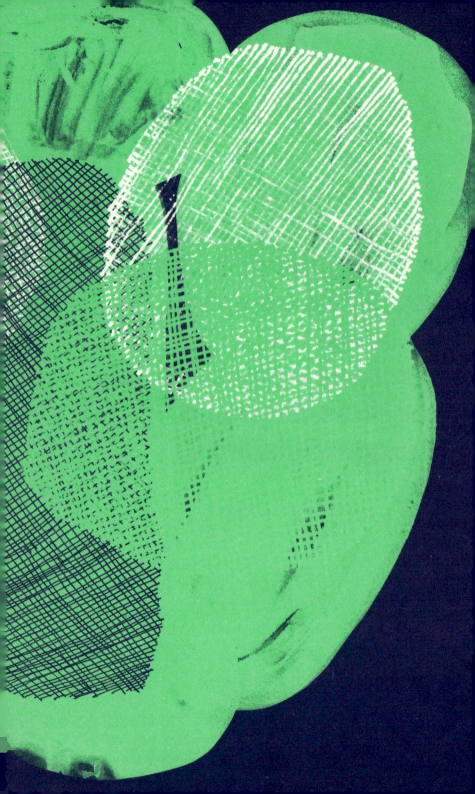

ARTIGO 3

A Nação das Plantas não reconhece as hierarquias animais, baseadas na concentração de funções e centros de comando, e sim favorece democracias vegetais amplas e descentralizadas.

Plantas e animais se separaram entre 350 e 700 milhões de anos atrás, em um período decisivo para a história da evolução em nosso planeta. A partir dessa disjunção seminal, a vida tomará dois rumos divergentes que levarão, de um lado, ao surgimento das plantas e, do outro, ao dos animais. As primeiras, graças à prodigiosa habilidade fotossintética, não precisarão se deslocar em busca de alimento, uma vez que são energeticamente autônomas. Já os animais, ao contrário, forçados a atacar outros organismos vivos para sua sobrevivência, serão obrigados a se mover, numa busca constante daquela mesma energia química que as plantas fixaram originalmente a partir da luz do Sol. Uma escolha inicial da qual derivarão organismos muito diferentes em termos de organização e funcionamento.

Estar enraizado no chão, sem possibilidade de se mudar do lugar onde nasceu, acarreta consequências determinantes. As plantas não escapam quando estão diante de um predador; não vão procurar comida; não se movem para ambientes mais confortáveis. Elas não têm a possibilidade de recorrer à principal estratégias que os animais empregam para resolver qualquer dificuldade: o movimento. Mas, se não é possível escapar, como resistir aos predadores? O truque é não ter um órgão fundamental único ou duplo, mas distribuir por todo o corpo, ao mesmo tempo, todas as funções que os animais concentram em órgãos especializados. Os animais veem com os olhos, ouvem com as orelhas, respiram com os pulmões, raciocinam com o cérebro etc.; as plantas veem, ouvem, respiram e raciocinam com todo o corpo. Uma diferença crucial: concentração versus distribuição, cujas consequências para a vida de nós, animais, não são perceptíveis de imediato.

Só não percebe a extrema fragilidade do nosso corpo quem não quer, ela está na cara. Um mau funcionamento trivial de qualquer órgão já basta para colocar em risco nossa sobrevivência. É uma das consequências de nossa organização; não é a única e creio que nem a mais importante. Na prática, ser constituído de um cérebro que preside as funções de vários órgãos especializados influenciou todo tipo de organização ou estrutura que o ser humano já concebeu. Replicamos em todos os lugares essa organização centralizada e verticalizada. Nossas sociedades são construídas segundo esse mesmo esquema. Nossas empresas, escritórios, escolas, exércitos, associações, festas, tudo é organizado com estruturas piramidais. Nossos instrumentos, mesmo os mais modernos, como o computador, são simples analogias sintéticas de nós mesmos: um processador, que reproduz as funções de nosso cérebro; que governa algumas placas (hardware) que imitam as funções de nossos órgãos.

A única vantagem desse tipo de organização é a rapidez. Um chefe encarregado de tomar decisões deveria ser capaz de num instante determinar o que deve ser feito. Essa qualidade das organizações centralizadas, embora garanta a velocidade requisitada para o corpo animal, na prática falha a olhos vistos. Toda organização hierárquica desenvolve sua própria burocracia, ou seja, um grupo de pessoas cuja função é transformar em hábito o mecanismo de transmissão de comandos por intermédio de diferentes níveis da hierarquia. A transmissão de um nível para outro da cadeia hierárquica, além de estar inevitavelmente sujeita a erro, requer tempo, eliminando assim a velocidade de ação, única vantagem real de uma organização centralizada. No entanto, as inúmeras desvantagens permanecem intactas: da fragilidade da organização, pois basta retirar qualquer órgão fundamental para que ela desmorone, à distância entre o centro que toma as decisões e o lugar onde essas decisões têm efeito. E não acaba aqui: os problemas decorrentes da burocracia, tecido conector fundamental em toda organização hierárquica, são inúmeros e um pior que o outro; perceber essa enrascada pode nos ajudar a entender o cipoal em que nos metemos.

Trata-se de problemas intrinsecamente relacionados à própria existência da cadeia hierárquica. Vejamos o princípio de Peter, sobre o qual vocês já devem ter ouvido falar, imaginando que fosse uma espécie de anedota, um jogo que descreve com humor a situação típica criada dentro das piores burocracias, mas que, ao contrário, refere-se a uma gravíssima dificuldade presente em toda hierarquia. Esse princípio, concebido por Laurence J. Peter em 1969,[1] postula que as pessoas em uma hierarquia tendem a atingir seu próprio "nível de incompetência". O que significa isso? Imaginemos uma organização hierárquica perfeita, na qual cada membro é promovido de um nível para outro apenas em virtude de seus méritos. Uma organização utópica, onde ciúme, política, rancores, amizades, família, riqueza, relacionamentos não são critérios para a promoção das pessoas. Vamos nos abstrair por um momento de nosso esquálido mundo de interesses mesquinhos de carreira, ódios e rixas pessoais e voar até os níveis mais elevados dessa organização milagrosa na qual apenas o mérito, e apenas ele, é o princípio da carreira de seus integrantes.

Essa organização parece perfeita, não? No entanto, diz Peter, vejam como uma organização como essa, pelo simples fato de ser hierárquica, é incapaz de funcionar. Qualquer membro da pirâmide, por ser competente em determinado nível, e em virtude de suas qualidades específicas para esse nível, é de fato promovido a uma posição mais elevada na hierarquia, para a qual se exigem habilidades diferentes. Se a pessoa que acabou de ser promovida não tiver as habilidades adequadas a essa nova posição, ela não sairá desse nível (chamado de platô de Peter); se, ao contrário, se mostrar competente, ela será mais uma vez promovida, até atingir um patamar no qual per-

[1] L. J. Peter, R. Hull, *The Peter Principle*. New York: William Morrow and Co., 1969.

manecerá estagnada por falta de competência. Em qualquer caso, o resultado final não poderia ser diferente do anunciado pelo princípio de Peter, ou seja: *em uma hierarquia, cada empregado tende a ser promovido a seu nível de incompetência.*

Princípio que um século antes José Ortega y Gasset já intuíra: "Todos os funcionários públicos deveriam ser rebaixados a seu nível imediatamente inferior, pois foram promovidos à incompetência". Apesar de Peter ter exposto esse princípio pela primeira vez com intenção satírica, as conclusões às quais ele chegou estão longe de ser estapafúrdias, como confirma uma série de estudos conduzidos nos anos seguintes. Um dos mais recentes, publicado em 2018, examinou as práticas usadas para promoção de funcionários em 214 empresas norte-americanas e descobriu que elas tendiam a promover pessoas que em suas funções anteriores haviam mostrado muita competência em vendas, mas nenhuma ou pouca em gerenciamento.[2]

O princípio de Peter não é o único problema relacionado às burocracias e, portanto, indiretamente, a qualquer organização hierárquica. De fato, uma vez criada para responder à necessidade de transmissão de ordens entre diferentes níveis, toda burocracia tende a crescer sem amarras, multiplicando seus integrantes sempre que houver possibilidade, ou seja, sempre que houver recursos. Em 1955, Cyril Northcote Parkinson, em um famoso ensaio publicado primeiro no *The Economist* e, depois, em livro,[3] anunciava aquela que ficou conhecida como a lei de Parkinson. Formulada com base no comportamento dos gases, que se expandem enquanto houver

---

[2] A. Benson, D. Li e K. Shue, "Promotions and the Peter Principle", in National Bureau of Economic Research, *Working Paper,* n. 24343, 2018.
[3] C. N. Parkinson, *Parkinson's Law: Or The Pursuit of Progress*. London: John Murray, 1958.

volume disponível, a lei de Parkinson afirma que a burocracia se expande enquanto lhe for possível. Seu autor cita uma série de exemplos e dados empíricos muito reveladores, como o aumento contínuo do quadro de empregados no Departamento das Colônias do Império Britânico – a despeito de o número de colônias ter diminuído ao longo dos anos –, que atingiu o ápice quando, não havendo mais colônias para administrar, foi absorvido pelo Ministério das Relações Exteriores. De acordo com a lei de Parkinson, é tiro e queda: isso acontece em qualquer burocracia, não importa se o trabalho permanece o mesmo, diminui ou até mesmo desaparece. A razão é simples: os burocratas tendem a multiplicar o número de subordinados, e não de seus pares, possíveis rivais.

Um empregado com certo volume de trabalho percebe que não tem condições de concluí-lo, ou porque o serviço aumentou, ou porque ele não tem mais vontade de fazer aquilo. Ele então pode lançar mão de três estratégias: 1) pedir demissão; 2) reduzir o trabalho pela metade com a ajuda de um colega ou, finalmente, 3) contratar dois funcionários que trabalhem para ele (por força devem ser dois, pois caso fosse apenas um nos encontraríamos na situação precedente). Agora vamos fazer uma rápida análise das consequências de cada opção. A primeira é logo descartada, pois deixaria o trabalhador sem emprego. A segunda levaria à criação de um potencial rival em vista de uma promoção, enquanto a terceira é a única que permitiria ao funcionário manter inalteradas sua posição e suas oportunidades de carreira, trabalhando menos. Depois de um tempo, os dois funcionários recém-contratados estarão na mesma situação, e a única saída será contratar dois subordinados para cada um deles. Logo, seguindo essa dinâmica diabólica, sete pessoas estarão realizando o trabalho antes a cargo de uma só.

A lei de Parkinson também pode ser expressa por uma pequena fórmula muito simples cuja resolução nos diz que o crescimento percentual dos membros de uma organização será, invariavelmente, entre 5,17 e 6,56% por ano. E é incrível ver como muitos aparatos burocráticos *realmente* crescem com taxas próximas àquelas previstas pela lei de Parkinson. A burocracia é uma das piores consequências das organizações animais, ou seja, centralizadas, piramidais e com cadeia de comando. Por fim, escreve Max Weber, toda burocracia deixa de servir à sociedade que a criou, tornando-se um fim em si mesma, crescendo como um corpo estranho, agindo para se proteger e impondo regras não funcionais que só servem para justificar suas dimensões.[4] O estrago causado pelas burocracias já seria suficiente para que resplandecesse em toda a sua sabedoria o artigo 3 da Constituição da Nação das Plantas, que não reconhece organizações baseadas em hierarquias, inspiradas na arquitetura animal.

Pena que as burocracias não sejam o único problema, nem o pior, dos muitos que afligem organizações hierárquicas e centralizadas. Um dos menos conhecidos é que as organizações hierárquicas *são prejudiciais* à *saúde*. Em 1967, foi lançado na Grã-Bretanha um estudo – chamado *Whitehall* – sobre a saúde física e mental dos funcionários públicos britânicos, aqui tomados como representantes de uma classe média saudável e não exposta a riscos para a própria segurança, como poderia acontecer em categorias como mineiros, soldados etc. O serviço público britânico, como a maioria das organizações de grandes dimensões, obedece a uma rígida hierarquia. Os funcionários, classificados de 1 a 8 de acordo com o nível hierárquico, recebem salários diretamente relacionados ao posto que ocupam: quanto mais alto, maior o salário e os privilégios. O estudo analisou inicialmente mais de 18 mil funcionários do sexo masculino entre 20 e 64 anos, durante um período de

---

[4] M. Weber, *Economia e società*. Milano: Edizioni di Comunità, 1961.

dez anos. Depois, um segundo estudo envolveu mais de 10 mil servidores públicos com idades entre 35 e 55 anos, dos quais dois terços eram homens, e um terço, mulheres.[5]

O principal resultado dessas pesquisas demonstrou uma associação direta e incontestável entre a nota obtida pelo trabalhador e a taxa de mortalidade: quanto mais baixo o nível hierárquico, maior a taxa de mortalidade. A taxa de mortalidade dos funcionários de nível inferior (mensageiros, vigilantes etc.) era três vezes maior do que a dos funcionários de nível mais alto (diretores). O efeito, já testado em muitos outros estudos semelhantes, foi denominado "síndrome do status".[6] E mais: descobriu-se que o nível alcançado na burocracia estava indiretamente relacionado a uma série de patologias, como alguns tipos de câncer, doenças cardíacas e gastrointestinais, depressão, dores nas costas etc. Ora, a maioria dessas patologias estava diretamente associada a fatores de risco – como obesidade, tabagismo, hipertensão, falta de atividade física, os quais estavam diretamente relacionados à classe social e, portanto, à baixa renda, sem nenhum vínculo com a posição na hierarquia. Mas o que ficou inexplicável foi que esses fatores impactaram apenas parcialmente o resultado final. Mesmo controlando tais fatores, ainda havia risco 2,1 vezes maior de doença cardiovascular na base da hierarquia, em comparação com os níveis hierárquicos mais elevados.

[5] M. G. Marmot, G. Rose, M. Shipley e P. J. Hamilton, "Employment Grade and Coronary Heart Disease in British Civil Servants". *Journal of Epidemiology and Community Health*, n. 32, 1978, pp. 244-49; M. G. Marmot, G. Davey Smith, S. Stansfield et al., "Health Inequalities Among British Civil Servants: The Whitehall II Study". *Lancet*, v. 337 , n. 8754, 1991, pp. 1387-93.

[6] M. G. Marmot, "Status Syndrome. A Challenge to Medicine". *JAMA*, n. 295, 2006, pp. 1304-07.

O fator decisivo na alteração tão significativa da taxa de mortalidade foi o nível de estresse muito mais elevado entre os integrantes dos níveis inferiores da hierarquia, o qual está diretamente relacionado à organização hierárquica, tanto que nós também o compartilhamos com animais próximos a nós, como os babuínos, que se organizam em grupos altamente hierárquicos. Nos "machos alfa", ou seja, em macacos que se encontram em níveis hierárquicos superiores, a presença de glicocorticoides (uma classe de hormônios esteroides, incluindo o cortisol, definido também como um hormônio do estresse) no sangue era significativamente menor do que nos macacos de níveis hierárquicos inferiores, os quais, além disso, acumulavam gordura sobretudo ao redor do abdômen, enquanto nos machos alfa ela se apresentava distribuída em todo o corpo de modo uniforme. Em outras palavras, os macacos subordinados tinham aparência mais arredondada e passiva, adequada a seu nível hierárquico, em oposição aos líderes, magros e musculosos. Certo dia, os machos alfa desse grupo de babuínos, e muitos outros pertencentes aos níveis mais altos na hierarquia, morreram de tuberculose, e o grupo se reduziu à metade, com muito mais fêmeas e machos de nível inferior. Por uma série de razões, o grupo aprendeu um novo sistema de interação sem hierarquias e passou a ensiná-lo aos novos machos que chegaram ao grupo. Desde então, a taxa de glicocorticoides no sangue dos membros do grupo se nivelou, havendo redução significativa do nível de estresse.

Então, recapitulando, as hierarquias também prejudicam a saúde. Acabou? Que nada! Estamos apenas no começo. O pior está por vir.

Qualquer organização centralizada e hierárquica é inerentemente frágil. Hernán Cortés e Francisco Pizarro, por exemplo, acompanhados de algumas centenas de homens, abalaram duas civilizações milenares, a asteca e a inca, com a simples captura de seus líderes, Montezuma e Atahualpa. Duas civilizações evoluídas e com conhecimento avançado em inúmeros campos da ciência, com milhões de pessoas – apenas a cidade de Tenochtitlán, quando Cortés chegou, em 8 de novembro de 1519, tinha cerca de 250 mil habitantes – dizimadas num piscar de olhos, sob o ataque dos conquistadores. Sem dúvida foram inúmeras as causas que contribuíram para a queda desses impérios; uma, pouco citada, foi a extrema centralização do poder nas mãos de poucos. Os apaches, muito menos avançados que os astecas e incas, mas dotados de uma estrutura distribuída e sem poder centralizado, resistiram durante séculos ao avanço espanhol, impedindo sua expansão para o norte do continente. Mas a fragilidade não é o pior problema para as organizações hierárquicas.

Em 1963, Hannah Arendt publicou *Eichmann em Jerusalém: um relato sobre a banalidade do mal*, um dos livros fundamentais para compreender a história do século XX. A obra é o resultado de seu trabalho como repórter durante o julgamento do criminoso nazista Adolf Eichmann, responsável pela morte de milhões de judeus. A partir do debate no tribunal – a defesa de Eichmann apoiou-se na obediência à autoridade –, Arendt defendeu a tese de que, como a maioria dos alemães, corresponsáveis pelo Holocausto, o réu não tinha predisposição especial para o mal, mas integrava uma organização hierárquica na qual os burocratas que transmitiam ordens desconheciam o significado último de suas ações. As afirmações de Arendt na época foram consideradas irracionais. Parecia totalmente inaceitável a tese de que o horror do Holocausto pudesse ser recriado a partir de uma organização hierárquica caracterizada por 1) uma distância considerável entre a própria ação e seus resultados; 2) uma autoridade forte e 3) relações despersonalizadas no interior da hierarquia. O que Arendt escreveu escandalizou o mundo:

não só o Holocausto poderia voltar a ocorrer como qualquer pessoa poderia ser responsável. Uma hipótese chocante, que só com o tempo passou a ser elaborada de modo correto, mas que no início foi terminantemente rechaçada por muitos. Como é que algo da magnitude do Holocausto podia depender em primeira instância de uma forma de organização? As reações à tese de Arendt foram violentas e sua ideia de que o mal poderia surgir de forma "banal" em todos os lugares foi rejeitada em bloco.

No mesmo ano em que saiu *Eichmann em Jerusalém*, um psicólogo de Yale, Stanley Milgram, obteve uma surpreendente série de resultados experimentais que saíram numa revista especializada[7] e, dez anos depois, foram publicados no livro *Obediência à autoridade*,[8] que sempre deveria ser lido junto com o livro de Arendt.

O experimento formulado por Milgram baseou-se na interação entre três pessoas: um cientista, representante da autoridade; um professor que executava as ordens da autoridade; um aluno sujeito às decisões do professor. Professor e aluno estão em duas salas diferentes; o aluno está conectado a eletrodos por meio dos quais o professor pode administrar choques elétricos. A tarefa do professor é instruir o aluno a repetir pares de palavras. Quando o aluno errar, o professor o castigará com um choque elétrico cuja intensidade vai aumentando aos poucos, de um mínimo de 15 volts a um máximo potencialmente letal de 450 volts.

Tanto o estudante como o cientista são atores. Todos os aparelhos são uma encenação; a verdadeira cobaia é o profes-

---

[7] S. Milgram, "Behavioral Study of Obedience". *Journal of Abnormal and Social Psychology*, n. 67, 1963, pp. 371–78.
[8] Id., *Obedience to Authority: An Experimental View*. London: Tavistock, 1974.

sor. O que interessa a Milgram é saber quantas pessoas estão dispostas a seguir as indicações da autoridade (o cientista) a ponto de punir o aluno com um castigo potencialmente letal. Sem entrar nos detalhes do experimento, que ainda podem ser encontrados na internet, os resultados foram impressionantes: a porcentagem de professores que aplicaram o choque máximo foi superior a 65%. Em uma série de variantes do experimento em que o aluno estava na mesma sala que o professor (proximidade), ou onde dois cientistas discutiam (princípio de autoridade enfraquecido), a porcentagem caía abaixo de 20%. Era a demonstração experimental, a evidência científica do que Arendt havia afirmado. Nos anos seguintes, o experimento de Milgram, depois de também ser fortemente contestado, foi repetido nos mais variados contextos, sempre apresentando resultados muito semelhantes.

Apesar dos vários aspectos negativos, ou pelo menos problemáticos, as organizações hierárquicas estão em toda parte, reproduzindo a arquitetura e o funcionamento do corpo animal. Será possível que não somos capazes de imaginar alguma coisa diferente? Como seriam, por exemplo, organizações difusas construídas como o corpo de uma planta? Existem exemplos importantes, porém, que quase sempre representam organizações modernas. A internet, o símbolo da contemporaneidade, é construída como uma planta: totalmente descentralizada, generalizada, formada por um número muito elevado de nós idênticos e repetidos, sem órgãos especializados.

Ao comparar a topografia de um sistema radicular a qualquer mapa da internet, pode-se constatar a semelhança arquitetônica entre eles. As plantas, incluindo os sistemas radiculares, são construídas de maneira modular. Módulos individuais que se repetem infinitas vezes para compor estruturas cada vez mais vastas e complexas, sem nenhum centro fundamental. O sistema radicular consiste em um número astronômico de extremidades de raízes – podem chegar a centenas de bilhões em uma árvore – que, espalhando-se pelo solo e explorando-o em busca de nutrientes e água, formam uma rede tão complexa que rivaliza com a complexidade estrutural de nossas redes neurais.

À diferença de nosso cérebro, incrivelmente frágil e com diferentes áreas destinadas a funções específicas, em um sistema radicular as funções estão espalhadas por toda parte. Assim, as raízes, por não apresentarem áreas especializadas em funções fundamentais, podem sobreviver facilmente a danos extensos que atingirem todo o sistema. Até mesmo a arquitetura da copa de uma árvore – apesar da diferença entre as espécies, discerníveis por um olho experiente, mesmo a grandes distâncias – responde às mesmas regras de difusão e de repetição de módulos semelhantes. Em 1972, Roelof Oldeman, remando uma canoa no rio Yaroupi, na Guiana Francesa,[9] notou que as árvores eram formadas por módulos *reiterados*, com as mesmas características arquitetônicas. Quem observa uma vergôntea, um daqueles brotos bem viçosos que germinam de gemas latentes, em geral na base do tronco, pode perceber que cada uma delas carrega as características gerais da árvore. Das raízes à copa, percebe-se que as plantas são constituídas por um modelo difuso oposto ao do animal, que é centralizado. Uma organização que permite liberdade e robustez ao mesmo tempo.

Nos últimos anos, estão se disseminando estruturas descentralizadas de organização[10] que preveem formas de decisão difusas e nas quais o consenso e a autoridade derivam da competência e capacidade de influenciar, em vez de serem deter-

---

[9] F. Hallé, *Un Jardin après la pluie*. Paris: Armand Colin, 2013.
[10] Ver modelos de organização como "holocracia" ou "organização *teal*".

minados de cima. Nesses modelos organizacionais difusos, os centros de decisão se espalham e surgem espontaneamente em nível periférico, ou seja, onde eles devem estar para resolver os problemas: onde as informações estão mais disponíveis e as necessidades são claras.

A Nação das Plantas, a partir de modelos organizacionais difusos, repetidos e descentralizados, livrou-se para sempre de problemas como fragilidade, burocracia, distância, esclerose, ineficiência, típicos da organização hierárquica e centralizada, de natureza animal.

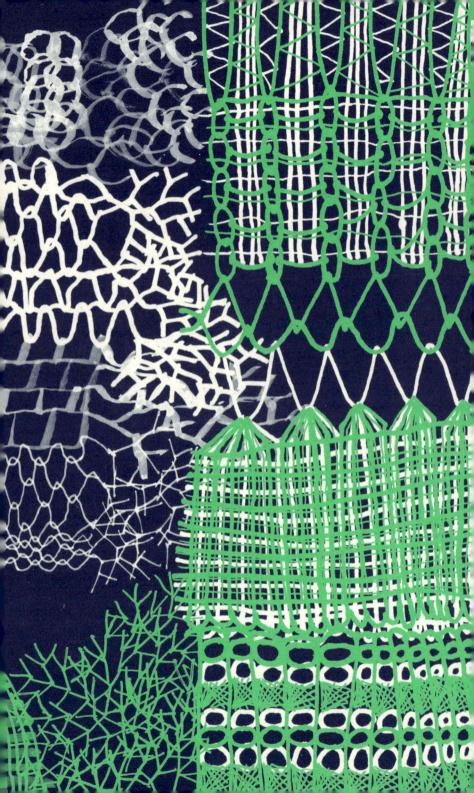

ARTIGO 4

A Nação das Plantas respeita universalmente os direitos dos seres vivos de hoje e das próximas gerações.

Seja burundês, italiano ou islandês, o ser humano é o mais talentoso dos predadores. Assim como o leão observa sonolento e satisfeito o trecho de savana que representa o seu território, com a consciência tranquila de que nenhum outro animal pode desafiar sua soberania, a espécie humana considera todo o planeta sua propriedade exclusiva. A Terra, a morada da vida, o único lugar conhecido capaz de hospedá-la, o ser humano a entende como nem mais nem menos do que um simples recurso a ser devorado e consumido. Algo semelhante a uma gazela aos olhos de um leão sempre faminto.

Não parece nos importar que esse recurso possa ter um fim, pondo em risco a existência de nossa espécie. Vocês já viram aqueles filmes de ficção científica em que supervilões de espécies alienígenas, tendo consumido os recursos de inúmeros outros planetas, verdadeiros gafanhotos espaciais, chegam à Terra com a ideia de devorá-la numa única mordida? Somos nós aqueles alienígenas. No entanto, além da Terra, não há outros planetas a serem destruídos. Seria bom entender isso o mais rápido possível.

O consumo de matéria orgânica produzida por outros seres vivos é típico da vida animal – incapazes de, como as plantas, fixar a energia do Sol de forma autônoma, eles devem necessariamente contar com a predação de outros seres vivos para garantir sua sobrevivência. É por isso que as plantas estão sempre na base das onipresentes ilustrações em forma de pirâmide, as tais pirâmides alimentares ou pirâmides ecológicas ou pirâmides tróficas. Qualquer seja o nome, o conceito é sempre o mesmo: uma pirâmide com plantas, ou seja, os produtores, no lugar mais baixo, acima dos quais estão os níveis tróficos: os herbívoros, que comem plantas; depois mais acima os carnívoros, que comem carne; em seguida, os onívoros, que comem plantas e carne, e assim por diante até os superpredadores no topo da cadeia alimentar.

Sempre julguei pouco generosas, para não dizer equivocadas, essas representações nas quais as plantas estão no degrau inferior da pirâmide. Seria mais correto oferecer o topo aos organismos que *produzem* energia química, e não àqueles que a consomem. Quero dizer, o motor é a coisa mais importante num carro, certo? O resto não é essencial. Pois então, as plantas são o motor da vida, a parte fundamental: o resto é carroceria.

Toda vez que a energia é transferida de um nível inferior da pirâmide para o nível imediatamente superior (por exemplo, quando as plantas são comidas pelos herbívoros), apenas entre 10% e 12% dela será utilizado para construir uma nova biomassa que se transformará em energia armazenada, enquanto o restante se perde nos diversos processos metabólicos. Portanto, em cada nível encontraremos apenas 10% da energia presente no nível anterior. É uma redução vertiginosa: atribuindo aos produtores primários (plantas) um nível arbitrário de energia igual a 100 mil, os níveis posteriores serão 10 mil, mil, cem, dez, um e assim por diante. Na prática, os organismos que se encontram no ápice da pirâmide, os chamados superpredadores, são os menos *sustentáveis* em termos de energia.

Os ecologistas vêm debatendo há anos se o ser humano, com base em sua dieta, deve ou não ser considerado um superpredador. Há quem defenda que os habitantes das diferentes nações da Terra têm diferentes níveis tróficos, variando de 2,04 dos burundeses, que têm uma alimentação quase exclusivamente vegetal e, portanto, muito próxima do nível 2 dos herbívoros puros, até o nível 2,57 dos islandeses, que, ao contrário, têm uma dieta vegetal de apenas 50%. A quem interessar: esses níveis tróficos nos equiparariam ao porco.[1]

---

[1] S. Bonhommeau, L. Dubroca, O. Le Pape, J. Barde, D. M. Kaplan, E. Chassot e A. E. Nieblas, "Eating up the World's Food Web and the Human Trophic Level". *PNAS*, n. 110, v. 51, 2013, pp. 20617–20.

Outros ecologistas, ao contrário, consideram que o humano é o predador que está no ápice de toda cadeia trófica.[2]

Sempre achei essa discussão fascinante em sua futilidade. É óbvio que o ser humano é o único e verdadeiro superpredador do planeta. E não é só isso, suas peculiaridades o tornam incrivelmente mais perigoso para as outras espécies do que qualquer outro ser vivo.[3] É justamente em sua atividade de superpredador, ou seja, em sua máxima expressão animal, que consumimos num ritmo crescente recursos não renováveis e, com os resíduos dessa atividade insensata, poluímos o ar, o solo e a água. O perigo dessa atividade predatória e os danos que já produzimos quase não são percebidos. Muito já foi dito sobre aquecimento global, mudanças climáticas, poluição urbana, diminuição da biodiversidade etc., mas não creio que a gravidade da situação seja clara para a maioria. Pelo menos assim espero, pois do contrário significaria que a humanidade perdeu completamente o senso do próprio futuro.

Muitos de vocês já devem ter ouvido falar do Antropoceno – eu mesmo escrevi a respeito–,[4] ou seja, dessa verdadeira era geológica na qual vivemos e cuja característica predominante é dada pela ação da atividade humana sobre a Terra. O ser humano, com sua necessidade contínua e incontrolável de consumir, está afetando tão profundamente as características do globo que se tornou a causa de uma das mais terríveis extinções em massa. Na história do nosso planeta, para ocor-

---

2   P. D. Roopnarine, "Humans Are Apex Predators". *PNAS*, n. 111, v. 9, 2014, E796.
3   Ch. T. Darimont, C. H. Fox, H. M. Bryan e T. E. Reimchen, "The Unique Ecology of Human Predators". *Science*, n. 349, 2015, pp. 858–60.
4   S. Mancuso, *A incrível viagem das plantas*, trad. Regina Silva. São Paulo: Ubu Editora, 2022.

rerem catástrofes de magnitude semelhante à atual, foram necessários eventos apocalípticos como asteroides, erupções, inversões no campo magnético da Terra, supernovas, elevação ou queda do nível dos oceanos, eras glaciais. Eventos cuja periodicidade foi estimada em torno de 30 milhões[5] e 62[6] milhões de anos e cuja causa foi hipoteticamente relacionada a circunstâncias como as oscilações do plano galáctico ou a passagem da Terra pelos braços espirais da Via Láctea.[7]

Ao longo de sua história, a Terra sofreu cinco extinções em massa e várias outras menores. As cinco maiores, identificadas por Jack Sepkoski e David M. Raup em uma obra célebre de 1982,[8] são: 1) a do Ordoviciano-Siluriano, entre 450 milhões e 440 milhões de anos atrás, quando ocorreram dois eventos capazes de eliminar entre 60% e 70% de todas as espécies, que representam a segunda maior das cinco principais extinções na história da Terra em termos de porcentagem de gêneros que foram varridos de planeta; 2) a do tardo Devoniano, que durou cerca de 20 milhões anos, ao longo dos quais desapareceram cerca de 70% das espécies existentes; 3) a ocorrida na transição entre o Permiano e o Triássico, 252 milhões de anos atrás, o mais dramático evento de extinção de todos os tempos que já atingiu a Terra, tendo eliminado entre 90% e 96% de todas as espécies existentes; 4) a que se deu na transição entre o Triássico e o Jurássico, há 201 milhões de anos, durante a qual entre 70 e 75% de todas as espécies desapareceram e, final-

---

5   D. M. Raup e J. J. Sepkoski Jr., "Periodicity of Extinctions in the Geologic Past". PNAS, n. 81, v. 3, 1984, pp. 801–05.
6   R. A. Rohde e R. A. Muller, "Cycles in Fossil Diversity. Nature, 434, 2005, pp. 208–10.
7   M. Gillman e H. Erenler, "The Galactic Cycle of Extinctio". International Journal of Astrobiology, n. 7, 2008, pp. 17–26.
8   D. M. Raup e J. J. Sepkoski Jr., "Mass Extinctions in the Marine Fossil Record". Science, n. 215, 1982, pp. 1501–03.

mente, 5) a ocorrida na transição entre o Cretáceo e o Paleógeno (aquela em que os dinossauros foram extintos), há 66 milhões de anos, na qual 75% das espécies vivas foram eliminadas.

Hoje estamos no meio da sexta extinção em massa, cuja magnitude e consequências não são nada fáceis de avaliar. A taxa atual de extinção das espécies do planeta é inimaginável. Em 2014, um grupo de pesquisa coordenado por Stuart Pimm, da Duke University, estimou a taxa normal de extinção na Terra antes do aparecimento dos humanos: a cada milhão de espécies, 0,1 espécie se extinguia ao ano (0,1 E/MSY); a taxa de hoje seria mil vezes superior, enquanto os cálculos para o futuro próximo estimariam uma taxa de extinção até 10 mil vezes maior que o normal.[9] São números de um apocalipse. Nunca na história do planeta se atingiram taxas tão altas, mesmo durante as extinções em massa mais catastróficas, e, acima de tudo, tão concentradas em tão curto intervalo de tempo. As extinções em massa das quais temos conhecimento, embora rápidas, sempre se manifestaram ao longo de um período de *milhões* de anos. A atividade humana, ao contrário, está concentrando sua influência letal sobre outras espécies vivas em um punhado de anos. Toda a história do *Homo sapiens* teve início há apenas 300 mil anos, menos que um piscar de olhos em relação aos 3 bilhões e 800 milhões de anos de idade da vida.

Aqueles que se preocupam com magníficas espécies vegetais invasoras como o *Ailanthus* (espanta-lobos), a *Robinia* (acácia-bastarda ou pseudoacácia), o *Pennisetum* (capim-chorão) etc., por sua capacidade de substituir espécies *nativas* de seus próprios territórios, deveriam saber

---

[9] J. M. De Vos, L. N. Joppa, J. L. Gittleman, P. R. Stephens e S. L. Pimm, "Estimating the Normal Background Rate of Species Extinction". *Conservation Biology*, n. 29, 2014, pp. 452–62.

que, comparado à capacidade de invasão do *Homo sapiens*, o perigo de qualquer outra espécie, animal ou vegetal, não passa de uma brincadeira.

No final de 2017, 15364 cientistas de 184 países assinaram a declaração *World Scientists' Warning to Humanity: A Second Notice* [Alerta dos cientistas do mundo para a humanidade: segundo aviso], que afirmava: "Desencadeamos um evento de extinção em massa, a sexta em cerca de 540 milhões de anos, na qual muitas formas de vida atuais podem ser aniquiladas ou estar em vias de extinção até o fim deste século".[10] Poderíamos ficar tentados a ignorar isso. Muitos, no íntimo, talvez pensem: nós destruímos civilizações humanas inteiras, por que se preocupar com o desaparecimento de um número, ainda que alto, de espécies animais e plantas? Sobreviveremos tranquilamente.

Acho que esse é o maior perigo: pensar que o que estamos fazendo não diz respeito *diretamente* à preservação de nossa civilização, muito menos à sobrevivência de nossa espécie. Como poderia a extinção de plantas, insetos, algas, pássaros, vários mamíferos, afetar nossa sobrevivência? Ok, é triste que os rinocerontes, os gorilas, as baleias, os elefantes, as bananas, as focas-monge, os pirilampos e as violetas desapareçam, mas, afinal, quem já os viu? Vivemos na cidade. Para nós, urbanos, a natureza é para documentários, nada a ver conosco. Estamos interessados no *spread*, no Produto Interno Bruto (PIB), na Euribor, no Nasdaq – é isso que pode derrubar a civilização tal como a conhecemos. Errado! Repito, o que é realmente perigoso é a ideia – tão difundida que se tornou lugar-comum – de que nós, humanos, estamos fora da natureza.

---

[10] W. J. Ripple, C. Wolf, T. M. Newsome, M. Galetti, M. Alamgir, E. Crist, M. I. Mahmoud e W. F. Laurance, "World Scientists' Warning to Humanity: A Second Notice". *BioScience*, n. 67, 2017, pp. 1026–28.

A extinção de tantas espécies em tão pouco tempo acarreta consequências que não podemos avaliar. Rodolfo Dirzo, professor de Stanford e especialista em interação entre espécies, escreve:

> Nossos dados indicam que a Terra está vivendo um enorme episódio de declínio e extinção, que terá consequências negativas em cascata sobre o funcionamento dos ecossistemas e sobre os serviços vitais necessários para sustentar a civilização. Essa "aniquilação biológica" reforça a gravidade do sexto evento de extinção em massa da Terra.[11]

Ora, é verdade que as Cassandras nunca foram admiradas por ninguém, no entanto, tendemos a esquecer que Cassandra – a original –, a profetisa que não foi ouvida, estava certa! Estar ciente do desastre criado pelo nosso consumo deveria nos tornar mais atentos a comportamentos individuais, mas também nos encolerizar com um modelo de desenvolvimento que, para premiar muito poucos, destrói nossa casa comum.

---

[11] G. Ceballos, P. R. Ehrlich, R. Dirzo, "Biological Annihilation Via the Ongoing Sixth Mass Extinction Signaled by Vertebrate Population Losses and Declines". *PNAS*, n. 114, 2017.

ARTIGO 5

A Nação das Plantas garante o direito à água, à terra e à atmosfera limpas.

No início do século XX, o célebre botânico russo Kliment Arkadievitch Timiriázev escreveu, no livro *A vida das plantas*, que os vegetais deveriam ser considerados o elo de conjunção entre o Sol e a Terra. Sem eles, a energia solar não se transformaria na energia química que alimenta a vida. E não só. As plantas realizam um trabalho fundamental e contínuo de despoluição ao absorver e degradar muitos dos compostos contaminantes produzidos pelos humanos. Ao contrário de nós, que a cada atividade inevitavelmente poluímos o solo, a água e a atmosfera do planeta que nos hospeda. Mas vamos abordar o assunto a partir do início e tentar, na medida do possível, deixar claro qual é exatamente o problema.

Todo ser vivo tem necessidade de obter de alguma fonte energética a quantidade de energia da qual precisa para sobreviver. A energia presente no planeta Terra provém de três fontes principais: o Sol; o calor primordial proveniente da origem do nosso planeta e, finalmente, o calor devido à radioatividade de alguns materiais que formam o núcleo e a crosta terrestre. Para fins práticos da discussão, podemos tranquilamente deixar de lado a energia geotérmica e nos concentrar na energia do Sol, a verdadeira fonte de energia da vida na Terra. Mesmo a energia que obtemos da combustão do carvão ou do petróleo nada mais é do que energia solar originalmente fixada pelas plantas (aqui entendidas no sentido muito geral de organismos fotossintéticos); também a energia que gera o vento, as correntes oceânicas ou as ondas sempre provém do Sol.

Enfim, contando com a indulgência de físicos e geólogos, podemos afirmar que, no que nos diz respeito, toda a energia do planeta, com exceções insignificantes, vem do Sol. Agora que reduzimos o problema a seus termos principais, podemos voltar às plantas, a seu papel central para garantir a sobrevivência dos organismos, e ao que diz Timizjarev. Para sermos exatos, ele identificou não nas plantas, mas em uma organela celular específica presente nas células verdes – o cloroplasto –, o verdadeiro elo entre a Terra e o Sol. Sem o cloroplasto – dentro do qual ocorre o milagre da fotossíntese – não haveria conversão de energia solar em açúcares (energia química). Talvez ainda pudesse existir uma forma mínima de vida, mas dificilmente poderia ter sido uma vida complexa e na quantidade enorme à qual estamos acostumados.

Através da fotossíntese e graças à energia do Sol, as plantas fixam na atmosfera o dióxido de carbono, formando açúcares, ou seja, moléculas altamente energéticas, e produzindo o oxigênio como material de descarte. A quantidade média de energia produzida pela fotossíntese em nível planetário é de cerca de 130 terawatts,[1] ou seja, aproximadamente seis vezes mais do que o consumo atual de energia da civilização humana.[2] Ao narrar o ciclo do carbono em *Tabela periódica*, Primo Levi escreve: "Se a organização do carbono não ocorresse diariamente à nossa volta, na escala de bilhões de toneladas por semana, onde quer que apareça o verde de uma folha, caberia chamá-la, com justiça, de milagre".[3] Graças a esse milagroso processo, a vida pôde se espalhar e prosperar. A fotossíntese é, na prática, a única responsável por toda matéria orgânica produzida através da bioquímica, a chamada *produção primária*. É difícil imaginar a quantidade de material gerado pelas plantas. As estimativas mais cautelosas indicam uma produção primária para a Terra de 104,9 petagramas de carbono por ano (PgC ano-1). Ou, para quem não se

---

[1] K. H. Nealson e P. G. Conrad, "Life: Past, Present and Future". *Philos*, n. 354, 1999, pp. 1923–39.
[2] Energy Information Administration, U. S. Department of Energy, *World Consumption of Primary Energy by Energy Type and Selected Country Groups, 19802004*, Report 31 jul. 2006.
[3] P. Levi, *Il sistema periodico*. Torino: Einaudi, 2014, p. 214.

lembra, um petagrama equivale a uma quantidade em gramas igual a 1 seguido de 15 zeros, 104,9 bilhões de toneladas de carbono fixado pelas plantas todo ano. Desses, 53,8% são produto de organismos terrestres, enquanto os restantes 46,2% são representados pela produção oceânica.[4] Essa enorme quantidade de matéria orgânica, gerada pela fotossíntese, é o motor da vida na Terra.

Uma vez produzida pelas plantas, essa energia química – se quiserem, podem imaginá-la na forma de alimento, carvão ou petróleo – é usada como combustível pelo restante da vida animal, nas quantidades necessárias para garantir sua sobrevivência, e pelo ser humano, que a consome sem moderação, diferentemente dos demais animais, utilizando-a como fonte energética para seu próprio desenvolvimento. Quando esse combustível queima, produz resíduos que alteram o equilíbrio do meio ambiente e o poluem. O CO_2, por exemplo, é produzido toda vez que ocorre uma combustão. Seja quando queimamos açúcares ou gorduras para obter a energia necessária para o funcionamento de nosso corpo, seja quando queimamos petróleo, gás, carvão, madeira ou qualquer outro tipo de combustível originalmente produzido através da fotossíntese, o resultado é a produção de dióxido de carbono. As atividades humanas emitem cerca de 29 bilhões de toneladas de CO_2 por ano, enquanto os vulcões, por exemplo, emitem cem vezes menos, entre 200 e 300 milhões de toneladas. O CO_2 que se acumula na atmosfera é o principal responsável pelo efeito estufa e, portanto, pelo aumento da temperatura do planeta. Por meio de suas atividades – sobretudo a queima de combustíveis fósseis e o desmatamento –, os humanos, desde o início

---

[4] C. B. Field, M. J. Behrenfeld, J. T. Randerson e P. Falkowski, "Primary Production of the Biosphere: Integrating Terrestrial and Oceanic Components". *Science*, n. 281, 1998, pp. 237-40.

da Revolução Industrial, aumentaram a concentração média anual de CO_2 na atmosfera de 280 ppm (partes por milhão) – que havia permanecido estável por cerca de 10 mil anos – para os atuais (2019) 410 ppm, sem dúvida a mais alta concentração dos últimos 800 mil anos, senão, com grande probabilidade, dos últimos 20 milhões de anos.[5]

Obviamente, o ciclo do carbono é muito mais complexo do que acabamos de esboçar e envolve um grande número de variáveis relacionadas à vida na Terra. Por exemplo, nem todo CO_2 emitido pela atividade humana vai necessariamente aumentar sua quantidade livre na atmosfera: uma porcentagem de cerca de 30% se dissolve nos oceanos para formar ácido carbônico, bicarbonato e carbonato. A cota oceânica, se por um lado é fundamental porque bloqueia uma quantidade de CO_2 que seria lançada na atmosfera, por outro leva ao fenômeno da acidificação dos oceanos, que é responsável pela destruição das barreiras de corais e tem profundo impacto sobre a vida de todos os organismos calcificadores, como cocolitóforos, corais, equinodermos, foraminíferos, crustáceos e moluscos e, consequentemente, sobre toda a cadeia alimentar.

Enfim, o verdadeiro problema é que, até certo ponto, o ciclo do carbono cumpriu seu dever: por um lado, o CO_2 era lançado na atmosfera através da combustão, da digestão, da fermentação etc. e, por outro, fixava-se nas plantas através da fotossíntese. Era um ciclo capaz de absorver, sem trauma, até mesmo oscilações significativas nas quantidades de dióxido de carbono e que, ao final, mantinha tudo inalterado. Por milhões de anos esse sistema funcionou como um relógio. Até que, com a Revolução Industrial, a quantidade de CO_2 liberada

---

5 T. Eggleton, *A Short Introduction to Climate Change*. Cambridge: Cambridge University Press, 2013.

na atmosfera com o uso de combustíveis fósseis tornou-se tão grande que não pôde mais ser inteiramente fixada pelas plantas.

Para entender melhor o que está acontecendo, é preciso dar um passo atrás. Um passo bastante grande, na verdade. Não é a primeira vez que na história da Terra o nível de CO_2 atinge níveis alarmantes. Longe disso. Cerca de 450 milhões anos atrás, a concentração na atmosfera terrestre atingiu picos muito superiores aos atuais, em torno de 2 mil a 3 mil ppm.[6] Nesses níveis de CO_2, os primeiros organismos que foram para a terra firme encontraram um ambiente muito diferente do atual: temperaturas muito altas, radiação ultravioleta, tempestades formidáveis e fenômenos atmosféricos violentos. Um ambiente que por muito tempo permaneceu hostil, no limite das possibilidades de sobrevivência para a maioria das espécies, até que algo inesperado, em um período relativamente curto, fosse capaz de mudar tudo, reduzindo drasticamente a quantidade de CO_2 a níveis muito mais baixos e compatíveis com a vida. O que aconteceu?

Simples, as plantas, deus ex machina do planeta, surgiram, resolvendo, com uma reviravolta surpreendente, uma situação aparentemente sem saída. Em poucos milhões de anos, as florestas recém-nascidas, ao absorver uma quantidade incomensurável de CO_2 da atmosfera e usar seu carbono para criar matéria orgânica, puderam reduzir a concentração de CO_2 em torno de dez vezes, modificando substancialmente o ambiente terrestre e possibilitando a disseminação da vida animal.[7]

---

[6] G. L. Foster, D. L. Royer e D. J. Lunt, "Future Climate Forcing Potentially Without Precedent in the Last 420 Million Years". *Nature Communications*, n. 8, v. 14 845, 2017.

[7] Y. Cui e B. Schubert, "Atmospheric PCO2 Reconstructed Across Five Early Eocene Global Warming Events". *Earth and Planetary Science Letters*, n. 478, 2017, pp. 225–33.

A quantidade colossal de carbono removida da atmosfera naquele período foi, por meio da fotossíntese, fixada no corpo das plantas e dos organismos marinhos fotossintéticos, e desde então tem permanecido sepultada, nas profundezas da crosta terrestre, transformando-se em carvão e petróleo. E lá teria ficado para sempre, intocada e inofensiva, se nós, como nos piores filmes de terror, não tivéssemos ido perturbar o sono desse monstro. Servindo-se daquele antigo carbono como combustível, o ser humano libera todos os dias grandes quantidades de CO_2, que, não podendo ser controladas pelo atual ciclo do carbono, aumentam a quantidade de CO_2 livre na atmosfera, com o consequente aumento do efeito estufa, das temperaturas etc. O que podemos fazer? Reduzir as emissões, como temos ouvido há muito tempo. É uma coisa boa e certa, mas, francamente, os resultados dessa estratégia nos últimos anos têm sido intangíveis.

Em 6 de dezembro de 1988, a Organização das Nações Unidas (ONU) aprovou por unanimidade a resolução *Proteção do clima global para as gerações presentes e futuras da humanidade*, sobre a qual se construiu todo um processo que ao longo dos anos levou à convenção sobre as alterações climáticas de 1992, ao protocolo de Quioto de 1997 e, finalmente, ao Acordo de Paris de 2015. De uma atividade tão enérgica esperavam-se resultados esplêndidos, mas eles não chegaram: de 1988 até hoje, a produção de gás carbônico diminuiu apenas em três anos (em relação ao ano anterior), de tal modo que as emissões globais anuais aumentaram cerca de 40% desde o início do processo. Assim, apesar das boas intenções, esses acordos parecem completamente ineficazes, em parte devido às dificuldades inegáveis, em parte devido à falta de vontade e inépcia da política. Pode-se argumentar que sem eles a situação poderia ter sido pior. E talvez iseja verdade.mas um aumento de 40% no CO_2 em trinta anos, embora gerações de cientistas e ativistas tenham tentado alterar a curva para baixo, não pode ser considerado um bom resultado.

Portanto, o que mais podemos tentar? Acho que é óbvio: deixar que as plantas façam de novo o trabalho! Elas já demonstraram serem capazes de reduzir drasticamente a quantidade de CO_2 na atmosfera, permitindo que os animais conquistem as terras emersas. Podem fazer isso mais uma vez, dando-nos de presente uma segunda chance. Para tanto devemos cobrir com plantas qualquer superfície do planeta capaz de recebê-las. Mas antes é preciso interromper todo desmatamento. Derrubar florestas não é compatível com a sobrevivência como espécie. Precisamos entender isso agora e, com todos os meios e nossas melhores habilidades, defender as poucas grandes florestas remanescentes do planeta. A defesa das florestas deveria ser objeto de um tratado internacional que reunisse o maior número de Estados – sobretudo aqueles que abrigam as principais reservas verdes do planeta –, para que elas se tornem intocáveis.

Repito: a sobrevivência da nossa espécie depende da funcionalidade desses ecossistemas. Sem florestas suficientes, não existe chance real de podermos reverter a tendência de crescimento do CO_2. O desmatamento deveria ser tratado como um *crime contra a humanidade* e punido como tal. Porque é disso que se trata. A proteção das florestas e sua manutenção, bem como a obrigação de manter intactos o solo, o ar e a água, deveriam fazer parte das constituições de todos os Estados, não apenas desta nossa Constituição da Nação das Plantas. Deveria ser ensinada nas escolas para crianças e adultos, em todos os lugares. Diretores de cinema deveriam fazer filmes, escritores deveriam escrever livros. Todos estão convocados a se mobilizar, e se vocês acham que exagero e não veem motivo real para se levantar do sofá e defender o meio ambiente e as florestas, saibam que essa é a única emergência global real. A maioria dos problemas que afligem a humanidade hoje, mesmo que aparentemente distantes, está relacionada ao risco ambiental e consiste apenas na ponta de um iceberg, se não tratarmos o tema com a devida firmeza e eficiência.

As plantas podem nos ajudar. Só elas são capazes de fazer com que a concentração de CO_2 retorne a níveis inofensivos. Nossas cidades, que abrigam 50% da população mundial (em 2050 chegará a 70%), são também responsáveis por produzir as maiores quantidades de CO_2. A cidades deveriam estar completamente cobertas de plantas. Não apenas em espaços determinados – parques, jardins, avenidas, canteiros de flores etc. –, mas *em todo lugar,* literalmente: em telhados, fachadas dos edifícios, ruas, terraços, varandas, chaminés, semáforos, grades de proteção etc. A regra deveria ser única e simples: haver uma planta onde quer que seja possível fazê-la viver. Demandaria custos insignificantes, melhoraria a vida das pessoas de inúmeras maneiras, não exigiria nenhuma revolução em nossos hábitos, como muitas das soluções alternativas propostas, e teria grande impacto na absorção de CO_2. Vamos defender as florestas e cobrir de plantas nossas cidades. O resto não vai demorar.

ARTIGO 6

É probido o consumo de qualquer recurso não renovável para as gerações futuras dos seres vivos.

Muitos de vocês já devem ter ouvido falar do Dia da Sobrecarga da Terra (*Earth Overshoot Day* – EOD),[1] também conhecido como "Dia da Dívida Ecológica". Em poucas palavras, é o dia do ano em que a humanidade, tendo esgotado toda a produção de recursos que os ecossistemas terrestres regeneraram para aquele mesmo ano, começa a consumir recursos que não serão mais renováveis. É como se, passado aquele dia do ano, a humanidade estivesse apenas consumindo os recursos do planeta. Um pouco como aquelas pessoas que, vivendo de renda, vão ano após ano dilapidando o patrimônio, até que um dia percebem que ele não existe mais. Só retiradas, nenhum depósito. Elas o *comeram*, é esse o termo normalmente utilizado; mais ou menos como estamos fazendo com planeta: estamos literalmente comendo-o. Pedaço por pedaço, e uma hora não haverá mais o suficiente. Não precisa ser um gênio para entender que essa forma de agir é insana.

Os recursos da Terra, como vocês já devem ter ouvido falar mil vezes, são limitados. É inevitável: um planeta com uma dimensão finita não pode fornecer recursos infinitos. Parece uma daquelas afirmações cuja lógica cristalina, cuja importância e cujas implicações qualquer um deveria ser capaz de compreender. Pena que não parece ser esse o caso da maioria da população do globo. De fato, se um recurso é finito, não pode continuar sendo dilapidado como se fosse infinito. Cedo ou tarde ele vai acabar, e não haverá tecnologia, invenção, inteligência artificial ou milagre que o trará de volta. É simples: recursos limitados não podem sustentar um crescimento ilimitado.

[1] O Dia da Sobrecarga da Terra é calculado todo ano pela Global Footprint Network, organização sem fins lucrativos com sede na Suíça e nos Estados Unidos.

E atenção: quando falo em crescimento ilimitado, não me refiro ao crescimento populacional – longe disso –, mas ao crescimento do consumo. O planeta poderia abrigar fácil, fácil uma população humana muito maior do que a atual, até bem mais de 10 bilhões de pessoas como está previsto para 2050, e mais ainda. Poderia, de fato. Mas só se mudássemos radicalmente nosso estilo de vida, reduzindo drasticamente o uso de recursos não renováveis. Porém tudo parece apontar para uma tendência oposta. Nos próximos anos, uma porcentagem crescente da população da Terra aumentará enormemente o consumo próprio. Segundo o Banco Mundial, dentro de vinte anos, a classe média, ou seja, aquela composta de pessoas que ganham entre 250 e 2 500 euros por mês, passará de menos de 2 bilhões de pessoas, número atual, para cerca de 3 bilhões. Mais 3 bilhões de humanos vão querer, legitimamente, consumir, como fizeram por décadas anteriores aqueles pertencentes a essa classe econômica. Três bilhões de pessoas que, desfrutando carne, água, combustíveis, metais, matérias-primas em geral, farão com que o consumo de recursos terrestres suba a picos mais elevados do que aqueles representados pelo consumo que hoje já insustentável. Imaginem que, apenas entre 2000 e 2010, o consumo doméstico, no mundo, passou de cerca de 48 bilhões a 71 bilhões de toneladas.

Embora a história venha de longe e seja consequência da atitude predatória humana, foi só nos últimos anos que tais eventos se precipitaram. Ainda em 1970, o EOD, ou seja, a data em que a humanidade esgotou os recursos produzidos pela Terra naquele mesmo ano, coincidiu com o dia 31 de dezembro; em outras palavras, até 1970 a humanidade consumia apenas o que a Terra era capaz de regenerar. Até 1970 fomos sustentáveis. Mas já em 1971 o EOD caiu em 21 de dezembro; em 1980, em 4 de novembro; em 2000, no dia 23 de setembro; em 2018, foi 1º de agosto. Quer dizer que, enquanto em

1970 a humanidade vivia do que poderia ser regenerado pelo planeta, em 2018 esse valor já estava no osso em 1º de agosto. De 1º de agosto de 2018 a 31 de dezembro do mesmo ano, a humanidade dilapidou recursos que nunca mais voltarão, destruindo e retirando o capital da Terra que seria das gerações futuras.

As previsões para o futuro não parecem mostrar nenhuma alteração de rota. Pelo contrário. Com o aumento da renda de grupos expressivos da população mundial, a situação só vai piorar. Se toda a população da Terra consumisse hoje como consomem em média os cidadãos dos Estados Unidos, seriam necessários os recursos de cinco Terras todos os anos. Se toda a humanidade consumisse recursos como os italianos, seriam necessários 2,6, ao passo que, se os habitantes do planeta consumissem recursos tanto quanto o fazem os indígenas, os recursos seriam suficientes para os outros 2 bilhões de pessoas, além de 8 bilhões que já povoam o planeta. Uma situação muito diferente, como se vê, mas que, em todo caso, tende a um fim bem pouco agradável.

Como tantas famílias, outrora ricas e poderosas, que foram parar na sarjeta devido ao consumo excessivo e escolhas descuidadas, nossa grande família humana está dilapidando seu patrimônio com agilidade e logo se encontrará na mesma situação. Quais serão as consequências de um consumo de recursos insensato? Ele não trará nada de bom, todos sabemos. Em 1972, o Clube de Roma, uma associação não governamental formada por cientistas, economistas e chefes de Estado dos cinco continentes, encomendou ao Instituto de Tecnologia de Massachusetts (MIT) o estudo *Limites do crescimento*,[2] mais tarde conhecido como Relatório Meadows.

---

2   D. H. Meadows, D. L. Meadows, J. Randers e W. W. Behrens III, *The Limits to Growth*. Washington: Potomac Associates Books, 1972.

A pesquisa, baseada em modelos preditivos, deveria descrever as consequências do crescimento populacional e de seu consumo para o ecossistema terrestre e a sobrevivência da espécie humana. Os resultados foram surpreendentes e completamente inesperados: todo modelo de desenvolvimento econômico baseado no crescimento contínuo estaria inevitavelmente fadado ao colapso, tanto pelas limitações de recursos naturais – sendo o petróleo o mais importante – como pela capacidade limitada do planeta de absorver as emissões poluentes. Em resumo: onde permanecessem inalteradas as taxas de crescimento da população, a industrialização, a poluição e a exploração dos recursos, os limites do desenvolvimento da Terra seriam atingidos em um momento difícil de precisar, mas que poderiam ser nos próximos cem anos (a partir de 1972), com uma queda súbita da população e da capacidade industrial do planeta.

Em 1956, o geólogo norte-americano Marion King Hubbert desenvolveu um modelo preditivo da evolução de qualquer recurso mineral ou fonte fóssil que fosse fisicamente limitado. De acordo com esse modelo, a curva que descrevia a extração de petróleo ao longo do tempo, por exemplo, deveria ter uma forma de sino (curva de Hubbert). A razão pela qual uma curva desse tipo descreveria a disponibilidade de um recurso era evidente. Segundo Hubbert, após a descoberta de um recurso de qualquer natureza, haveria quatro fases: 1) a primeira, de expansão rápida na produção do recurso – ele é abundante e, uma vez descoberto, com pouco investimento e esforço pode ser produzido de modo a sobrar um excedente; nesse momento, o crescimento da produção é exponencial; 2) exaurido o quinhão que pode ser facilmente extraído, começa a ser necessário aumentar os investimentos para explorar o recurso, cuja produção continua crescendo, mas não mais exponencialmente como fase anterior; 3) o esgotamento gradual demanda investimentos tão grandes que já não são mais sustentáveis; a produção chega ao máximo (pico de Hubbert) e então começa a diminuir; 4) por fim, tornando-se cada vez mais difícil e caro extrair a parte residual, a disponibilidade do recurso diminui até ele desaparecer.

Aplicando seu modelo à produção de petróleo em 48 estados dos Estados Unidos em 1956, Hubbert previu que o pico de extração seria atingido por volta de 1970 e que a partir daí a produção iria diminuir. Exatamente o que aconteceu a partir de 1971.[3] Hoje sabemos que essa curva em forma de sino descreve a tendência de disponibilidade não apenas de recursos como petróleo, carvão ou outros combustíveis fósseis, mas, na prática, de qualquer recurso mineral[4] ou não renovável e também, em muitos casos, recursos *lentamente* renováveis (como baleias).[5] Segundo a maior parte dos estudos, muitos dos principais recursos que sustentam nosso modelo econômico e nossas tecnologias estão agora a ponto de se esgotar. O petróleo começaria a diminuir em 2030, o cobre em 2040, o alumínio em 2050, o carvão em 2060, o ferro em 2070 e assim por diante.[6]

Incerteza maior paira sobre o momento em que o consumo de outros recursos essenciais para nossa sobrevivência,

---

[3] C. J. Campbell e J. H. Laherrère, "The End of Cheap Oil". *Scientific American*, n. 278, v. 3, 1998, pp. 78–83.
[4] U. Bardi e M. Pagani, "Peak Minerals", 2007.
[5] U. Bardi e L. Yaxley, "How General Is the Hubbert Curve? The Case of Fisheries", 2005.
[6] Alicia Valero e Antonio Valero, "Physical Geonomics: Combining the Exergy and Hubbert Peak Analysis for Predicting Mineral Resources Depletion". *Resources, Conservation and Recycling*, n. 54, 2010, pp. 1074–83.

como as florestas,[7] o solo[8] ou o número de espécies vivas[9] (a chamada biodiversidade) atingirá um ponto sem retorno. Não estamos exatamente num mar de rosas. De acordo com o Relatório Meadows, em 1972, devido à crise econômica, ambiental e social resultante da redução de recursos, a população passou em poucos anos de 8 para 6 bilhões de indivíduos. Tais previsões catastróficas foram à época rotuladas de excessivamente pessimistas e, como tais, consideradas não confiáveis. Afinal, pensava-se: o que esses Meadows sabem sobre os avanços científicos que alcançaremos no futuro? Talvez eles sejam tão extraordinários que tornarão obsoletas as técnicas atuais. E mais: sua eficiência cada vez maior reduzirá substancialmente a necessidade de recorrer a recursos não regeneráveis. Ninguém pode prever o futuro. Não há motivo para se preocupar com o que dizem essas Cassandras do Clube de Roma.

Na verdade, parecia um discurso razoável: os progressos futuros teriam um impacto imprevisível sobre o consumo de recursos, tornando o relatório *Limites do crescimento* um simples exercício teórico sem valor prático. No entanto, as coisas não acabaram como esperado. Hoje, meio século depois da publicação do relatório, todas as tendências dos principais parâmetros examinados para as simulações são prodigiosamente semelhantes às reais. Elas meio que se encaixam umas

[7] D. W. Pearce, "The Economic Value of Forest Ecosystems". *Ecosystem Health*, n. 7, v. 4, 2001, pp. 284–96; G.R. van der Werf, D. C. Morton et al., "CO_2 Emissions from Forest Loss". *Nature Geoscience*, n. 2, 2009, pp. 737-38.

[8] J. A. Foley, R. DeFries, G. P. Asner, C. Barford et al., "Global Consequences of Land Use". *Science*, n. 309, 2005, pp. 570–74.

[9] R. Dirzo, H. S. Young, M. Galetti, G. Ceballos, N. J. B. Isaac e B. Collen, "Defaunation in the Anthropocene". *Science*, n. 345, 2014, pp. 401–06.

sobre as outras. Apesar dos enormes avanços científicos e técnicos ocorridos nos últimos cinquenta anos, todo o sistema continuou a funcionar como previsto nas simulações feitas em 1972.[10] Parece impossível, mas cinquenta anos de progresso científico não parecem ter trazido qualquer melhoria.

Qual a razão dessa imutabilidade substancial das curvas que descrevem nossa queda inexorável para um colapso por falta de recursos? Em parte deve-se ao chamado *paradoxo de Jevons*. Em 1865, o economista inglês William Stanley Jevons percebeu que as melhorias tecnológicas ocorridas ao longo do tempo e que aumentaram a eficiência do uso do carvão, em vez de levar a uma redução na quantidade de carbono, determinaram, pelo contrário, aumento no seu consumo. Um verdadeiro paradoxo, cuja explicação é, no entanto, muito mais simples do que parece: quando o progresso tecnológico ou as políticas que regulam seu uso aumentam, de alguma forma, a eficiência de uso de um recurso, reduzindo consequentemente a quantidade necessária para qualquer uma de suas aplicações, a taxa de consumo desse recurso, em vez de diminuir, *aumenta* devido à expansão da demanda. O paradoxo de Jevons, apesar de ser perfeitamente conhecido e estudado, continua ignorado tanto pelos governos como, paradoxo do paradoxo, pelos diversos movimentos ambientalistas globais. Estão todos convencidos de que, em geral, os ganhos em termos de eficiência reduzirão o consumo dos recursos. A verdade é bem outra, como demonstram as bem fundamentadas previsões do Clube de Roma.

As plantas obviamente não têm esses problemas; para se desenvolver, elas contam apenas com a disponibilidade

[10] Ver, como exemplo, G. Turner, "A Comparison of *The Limits to Growth* with 30 Years of Reality". *Global Environmental Change*, n. 18, v. 3, 2008, pp. 397–411.

de recursos. Então, como qualquer outro sistema natural, o mundo delas segue a regra simples de crescer o quanto for possível levando em conta a quantidade de recursos disponíveis. Em outras palavras, quando os meios são escassos, reduz-se o crescimento. A ideia insana de que é possível crescer indefinidamente em um ambiente que dispõe de recursos limitados é apenas dos humanos. O restante da vida segue modelos realistas.

Uma das principais consequências do enraizamento das plantas é fazê-las contar apenas com os nutrientes disponíveis no trecho do solo que suas raízes podem explorar. Não podendo andar por aí, como fazem os animais, em busca de novos territórios para explorar quando escasseia a comida, elas aprenderam a viver com a limitação de recursos e a modular o desenvolvimento. Na falta de nutrientes ou água, conseguem transformar substancialmente sua anatomia, adaptando-se às condições alteradas.

A primeira resposta é a redução do tamanho do corpo. Fenômeno que aprendemos a utilizar para práticas particulares como a criação do bonsai. A principal força do nanismo é justamente a extrema limitação de recursos. Um animal não é capaz de fazer isso: não fica menor se tiver pouco para comer. Essa prerrogativa é típica das plantas e é funcional pelo fato de estarem enraizadas. A flexibilidade de seus corpos é incomparável: "plasticidade fenotípica" é o termo técnico que descreve essa habilidade. Elas reduzem de tamanho, engrossam, afinam, se enrolam, se curvam, escalam, rastejam, mudam a forma de seus corpos, interrompem o próprio crescimento, fazem tudo o que for necessário para que seu equilíbrio com o ambiente seja o mais estável possível. Algo que devemos começar a pôr em prática de imediato, talvez humildemente inspirados no comportamento de nossas amigas plantas.

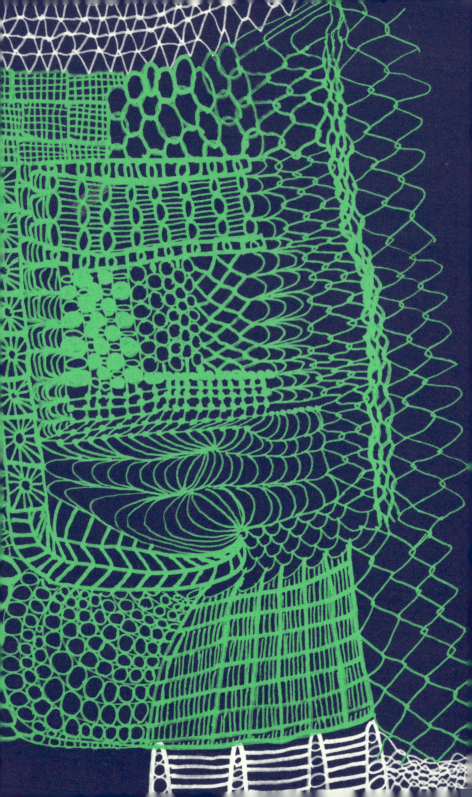

ARTIGO 7

A Nação das Plantas não tem fronteiras. Todo ser vivo é livre para transitar por ela, mudar-se para ela e nela viver sem nenhum entrave.

Carl von Linné, ou simplesmente Lineu, foi um grande botânico e naturalista sueco, lembrado sobretudo pela classificação binomial graças à qual todas as espécies vivas são descritas. Para Lineu, a necessidade de classificar e descrever com exatidão os organismos vivos ia além da mera urgência científica de identificar com absoluta precisão as espécies. Por intermédio do nome seria possível conhecer as coisas. E como não dar razão a ele? *Nomina si nescis, perit et cognitio rerum*: "se você não sabe o nome das coisas, o conhecimento sobre elas também se perde". Assim, esse segundo Adão dedicou a vida ao trabalho incomensurável de dotar cada ser vivo de um nome duplo: um primeiro que descrevia o gênero ao qual determinada espécie pertencia, e um segundo, que descrevia suas características. Exemplo? *Homo sapiens* é o nome da espécie à qual pertencemos. *Homo* representa o gênero. Hoje, a nossa é a única espécie viva do gênero *Homo*, mas no passado ela reunia muitos representantes ilustres – *Homo erectus*, *Homo habilis*, *Homo neanderthalensis*, *Homo heidelbergensis* etc. O nome da nossa espécie, por sua vez, é *sapiens*, que, como se vê, descreve imediatamente a característica principal que nos distingue: a presunção.

No entanto, o desejo de classificação de Lineu não se limitava à descrição das espécies, mas começava com a divisão de toda a natureza, classificando-a em grupos. Assim, a página de rosto de qualquer uma das doze edições de seu *Systema naturae* traz a divisão do mundo nos famosos três reinos, que muitos de nós aprendemos ainda na infância: o reino mineral, o vegetal e o animal. Interessante ver as características que Lineu atribuiu a cada um

1 *Lapides corpora congesta, nec viva, nec sentientia*: "pedras: de corpo maciço, nem vivo, nem sensível".

2   *Vegetabilia corpora organisata e viva, non sentientia*: "plantas: com corpo organizado e vivo, não sensível".

3   *Animalia corpora organisata, viva et sentientia, sponteque se moventia*: "animais: com corpo organizado, vivo e sensível, que se move de modo espontâneo".

É uma representação da natureza ainda nos moldes aristotélicos, concebida como uma escada de quatro degraus. No primeiro encontramos as pedras, que simplesmente existem; no segundo, as plantas, que são vivas, mas não sensíveis; no terceiro os animais, que são vivos, sensíveis e *se movem espontaneamente* e, finalmente, no quarto degrau, o mais elevado, o ser humano, que, além das características compartilhadas com outros animais, é inteligente.

Mesmo que datada e completamente errada, essa divisão da natureza em degraus ascendentes, das pedras para os humanos, é a representação do modo como nós ainda percebemos os outros seres vivos. Uma percepção incorreta, que compromete nossa compreensão da vida e que, consequentemente, direciona nossas ações para uma atitude errada. Tomemos por exemplo a diferença que existiria entre as plantas e os animais. Estes, ao contrário daquelas, seriam dotados de duas características fundamentais: a capacidade de perceber o ambiente ao redor e a capacidade de se mover espontaneamente dentro desse mesmo ambiente.

É fácil demonstrar que, na verdade, as plantas apresentam ambas as características – que, como Lineu, todos pensamos pertencer aos animais –, e em grau muito mais elevado. Que as plantas são dotadas de uma capacidade de sentir, ainda maior que a dos animais, já é algo totalmente consolidado. Elas são capazes de perceber uma série de parâmetros, como luz, temperatura, gravidade, gradientes químicos, campos elétricos, táteis, sonoros etc., o que as torna seres extremamente sensíveis ao ambiente que as rodeia. A razão dessa grande sensibilidade está em parte relacionada à segunda característica que, segundo Lineu, distingue as plantas: a falta de movimento. Na verdade, como já disse e como bem sabem os que me acompanham, elas se movem muito, mas esse movimento ocorre ao longo de um período de tempo mais extenso do que o dos animais. O que, porém, caracteriza a vida das plantas, se comparada à dos animais, é a incapacidade de sair do lugar onde nasceram. Em outras palavras, de estarem enraizadas em determinado terreno. Esse enraizamento é o que as diferencia por completo dos animais. E é por serem incapazes de se mover e fugir se houver alguma mudança no ambiente que as cerca que elas *precisam* necessariamente ser mais sensíveis do que os animais se quiserem ter alguma chance de sobreviver.

Um animal tem "animal" no próprio nome, ou seja, animado, isto é, dotado de movimento, sua característica principal. Os animais resolvem qualquer problema por meio do movimento, em geral indo para onde o problema não existe mais. As plantas não, elas são obrigadas a resolver os problemas, não podem evitá-los como os animais. Têm que se defender, se alimentar, se reproduzir, e tudo isso sem sair do lugar onde nasceram. E podem fazê-lo porque seu corpo é construído de maneira diferente da dos animais: sem órgãos simples ou duplos, ele é feito de módulos repetidos, com funções que, em vez de se concentrarem em órgãos específicos, como ocorre nos animais, estão espalhadas por toda parte. Em resumo, têm uma arquitetura interna que é uma verdadeira revolução no que diz respeito ao corpo centralizado dos animais.[1]

Mas o que é de fato inimaginável a respeito da vida das plantas é a capacidade de viajar e expandir a própria área

---

[1] S. Mancuso, *Revolução das plantas: um novo modelo para o futuro*, trad. Regina Silva. São Paulo: Ubu Editora, 2019.

geográfica. Assim como são fixas ao longo da vida individual, são também nômades e aventureiras na conquista de novos territórios, geração após geração. Uma espécie de paradoxo para organismos vivos que percebemos como imóveis e permanentes e que, ao contrário, são capazes de transpor barreiras e colonizar territórios distantes e inóspitos, movidos pelo impulso irresistível da vida a expandir a própria presença.

É importante observar como as mesmas forças que impelem as populações humanas a migrar atuam com a mesma determinação sobre todos os seres vivos, sejam eles animais ou plantas. Entre essas forças incontroláveis, as principais são, sem dúvida, as que modificam o ambiente em que uma espécie vive. E, entre essas, o aquecimento global é hoje a mais importante de todas. A força primordial da qual dependem as modificações planetárias às quais as espécies respondem com as migrações.

Não acredito que as consequências do aquecimento do planeta sejam tão estrepitosamente evidentes para todos. Se bem que em Florença, onde moro, nos últimos cinco anos houve, a cada ano, uma ou duas tempestades de vento, furacões ou coisa parecida – o que podemos afirmar com toda certeza nunca ter ocorrido na história registrada da cidade. Se bem que nunca tenhamos visto na Itália caírem tantas árvores devido a eventos climáticos extremos, e se bem que algumas décadas atrás as oliveiras floresciam um mês mais tarde do que florescem hoje. Fenômenos macroscópicos o bastante para serem evidentes até aos menos atentos, mas, no fundo, nada que não se resolva com um pouco de boa vontade. Na prática, nossa impressão direta do que é o aquecimento global não vai muito além da ideia de que é apenas um enorme transtorno. Que tem até aspectos positivos: os invernos são mais brandos, a temporada de verão está ficando mais longa e banalidades do gênero.

Ainda assim, basta nos deslocarmos algumas centenas de quilômetros, para regiões não muito distantes da nossa, mas que devido à localização geográfica são mais sensíveis às mudanças climáticas, para ver claramente em ação os efeitos catastróficos dessas forças incontroláveis. Em grandes regiões da África, por exemplo, as consequências do aquecimento global são indiscutíveis, por serem óbvias e dramáticas. Efeitos que, paradoxalmente, apesar de muito semelhantes aos que conhecemos em nossas latitudes, lá têm resultados catastróficos. Assim, nas últimas décadas as inundações alternaram-se com períodos de seca extrema, alterando radicalmente a distribuição das chuvas e criando situações incompatíveis com a agricultura e, portanto, com a sobrevivência de populações inteiras. Pequenos rios estão secando e as geleiras do Kilimanjaro, antes fonte de inúmeros cursos de água, praticamente desapareceram: houve uma redução de 82% em relação às primeiras medições de 1912.[2] Aí estão em ação as forças implacáveis que levam às migrações.

Mas, além de afetar diretamente as chances de sobrevivência das pessoas, o aquecimento global também causa impacto indireto, criando agitação, conflitos e guerras. Em 2013, Solomon Hsiang, da Universidade de Princeton, Marshall Burke e Edward Miguel, de Berkeley, depois de analisarem mais de 45 conflitos, desde 10 mil a.C. até hoje, deram demonstrações inequívocas de que as alterações das médias de temperaturas e de precipitação aumentam sistematicamente a probabilidade de conflagrações.[3] As causas

---

[2] Intergovernmental Panel on Climate Change (IPCC), *Climate Change 2014: Synthesis Report, Contribution of Working Groups I, II and III to the Fifth Assessment Report of the Intergovernmental Panel on Climate Change*, org. Core Writing Team, R. K. Pachauri e L. A. Meyer. Genève, 2014.

[3] S. M. Hsiang, M. Burke e E. Miguel, "Quantifying the Influence of Climate on Human Conflict". *Science*, n. 341, v. 6151, 2013.

desencadeantes desses eventos, como é fácil prever, podem ser inúmeras: queda da produtividade econômica, desigualdade na distribuição de riqueza, debilidade das instituições governamentais etc., mas todas têm como motor principal as alterações climáticas e o consequente impacto negativo sobre a produtividade econômica.

É por isso que muitos dos "migrantes econômicos" não migraram por razões econômicas. Seriam mais corretamente definidos "migrantes climáticos" e, como tais, deveriam ter o status de refugiados. A Organização Internacional para as Migrações (OIM) os define como "pessoas ou grupos de pessoas que, por serem atingidas de forma negativa sobretudo por mudanças bruscas ou progressivas no meio ambiente, são forçadas a abandonar sua casa, ou optar por fazer isso, temporária ou permanentemente, deslocando-se dentro do próprio país ou para o exterior".[4]

Em 1938, os Aliados ocidentais promoveram em Evian, na França, uma conferência para discutir o problema dos refugiados europeus, ou melhor, o que fazer em relação aos judeus alemães. A solução? *Não fazer nada.* Nenhum Estado estava disposto a aceitar refugiados judeus, dos quais poucos foram admitidos em países seguros, e mesmo assim abandonados à própria sorte. Hoje estamos cometendo o mesmo crime. Ao bloquear a migração de pessoas que chegam dos países da África Subsaariana, comete-se um crime contra a natureza. Migrar deve ser um direito humano. O artigo 14 da Declaração dos Direitos Humanos diz: "Todo ser humano, vítima de perseguição, tem o direito de procurar e de gozar asilo em outros países". Não é suficiente. Não basta o direito de migrar por motivo de perseguição. Seria preciso poder

---

[4] Glossary on Migration, International Migration Law, n. 25. Genève: IOM, 2011.

fazer isso *sempre* e, com certeza, quando a permanência em um lugar significa comprometer as próprias chances de sobrevivência. Os animais migram, as plantas migram. Migrar é uma estratégia natural de sobrevivência, cujo impedimento deveria ser tratado como uma limitação da dignidade humana.

Ao mesmo tempo, é muito mais que isso. Trata-se da própria essência da vida. Organismos vivos não podem ser impedidos de se deslocar. Nossa própria espécie, que hoje refreia os deslocamentos das pessoas e adoraria fazer o mesmo com outros seres vivos – invasores e nocivos –, não teria se espalhado sem o impulso para migrar. Hoje, sem constrangimento ético nem moral, achamos natural proibir algo que não poderia ser proibido, por limitar nossas chances naturais de sobrevivência.

Sabe-se lá quantas vezes vocês já ouviram: as espécies, sobretudo as de origem tropical, estão em constante crescimento. Na Itália, nos últimos trinta anos, o número de "espécies estrangeiras" cresceu 96%:[5] peixes, plantas, insetos, algas, répteis e pássaros migram pacificamente. Sem a necessidade de vistos nem comprovante de residência, elas se mudam para endereços onde têm mais chances de sobreviver, de modo que hoje podemos encontrar nas províncias de Novara o íbis-sagrado; em Florença, os periquitos-verdes; no Mediterrâneo, o peixe-escorpião.

Sem mencionar as infinitas espécies vegetais, das algas unicelulares às enormes árvores, que se deslocam tranquilamente devido às mudanças climáticas. Graças à pressão de um ambiente cada vez mais quente, espécies florestais, por exemplo, passaram a viver em maiores altitudes. Na Catalunha, as populações de faia (*Fagus sylvatica*) e azinheira (*Quercus ilex*) estão mudando rapidamente de habitat em

---

[5] Resultados do projeto EU Life ASAP.

função do aumento da temperatura média. A azinheira atingiu altitudes em geral ocupadas pelas faias e essas, por sua vez, transferiram-se para altitudes antes impossíveis.[6] Na Suécia, nos últimos cinquenta anos, as populações de abeto (*Picea abies*) aumentaram cerca de 250 metros e a bétula (*Betula pendula*), da qual até 1955 não se conhecia uma única espécie acima de 1095 metros do nível do mar, hoje cresce tranquilamente em altitudes entre 1370 e 1410 metros.[7]

Existem milhares de estudos que demonstram o deslocamento histórico das populações florestais em função do aquecimento global. Ter certeza de que as espécies florestais *conseguem migrar* é fundamental para prever o futuro das florestas. Se as mudanças climáticas forem mais rápidas do que a capacidade de deslocamento de nossas florestas, as consequências podem ser dramáticas: significaria que nem mesmo a estratégia de sobrevivência mais importante que as espécies utilizam nessas circunstâncias, *ou seja, a migração*, poderia funcionar. Essa estratégia é tão importante que se chegou a propor *migrações assistidas* pelo ser humano caso as plantas não conseguissem se deslocar por conta própria para ambientes que pudessem lhes garantir melhores possibilidades. Na prática, espécies florestais seriam transferidas para novas áreas na esperança de que as plantas possam colonizá-las. Sem entrar na discussão sobre

---

[6] J. Peñuelas, R. Ogaya, M. Boada e A. S. Jump, "Migration, Invasion and Decline: Changes in Recruitment and Forest Structure in a WarmingLinked Shift in European Beech Forest in Catalonia (Spain)". *Ecography*, n. 30, 2007, pp. 829–37.

[7] L. Kullman, "Rapid Recent RangeMargin Rise of Tree and Shrub Species in the Swedish Scandes". *Journal of Ecology*, n. 90, 2002, pp. 68–77.

a oportunidade de se aventurar ou não em operações desse tipo, de resultados imprevisíveis, resta um sentimento ruim de descrença em um mundo que oferece às plantas soluções que são negadas aos humanos. E eu amo as plantas.

ARTIGO 8

A Nação das Plantas reconhece e promove o apoio mútuo entre comunidades naturais de seres vivos como meio de convivência e de progresso.

Nossa ideia de como funcionam as relações na natureza costuma se basear na noção simplista e arcaica de que na natureza vale a lei do mais forte. Acreditamos que a tal da lei da selva seja o princípio por meio do qual os melhores são selecionados, ou seja: o direito de comandar é destinado a quem demonstra ter tal capacidade.

Essa visão da natureza como arena, onde os participantes se digladiam até sobrar apenas um, é fruto de um grave desconhecimento sobre os mecanismos que permitem o funcionamento das comunidades naturais. E é um grande equívoco usar a teoria da evolução de Charles Darwin como base científica dessa ideia absurda. Não é simples resumir a teoria da evolução – uma das mais notáveis obras da inteligência humana – em apenas algumas linhas. Mas, apesar disso, vou tentar: a teoria da evolução defende a sobrevivência *do mais apto*, não do melhor, do mais forte, do mais inteligente, do maior ou do mais implacável. Nada disso. Darwin nunca elaborou uma lista das características do mais apto porque é impossível prever quais são elas. Além do mais, elas nunca são as mesmas e vão depender da variabilidade infinita do ambiente e das circunstâncias.

A difusão da ideia de Darwin – o "melhor" é identificado com o mais forte ou o mais astuto, e a luta pela sobrevivência é impiedosa – é mérito de intérpretes bastante questionáveis de sua obra, os "darwinistas sociais", como Francis Galton, a quem devemos a fundação da eugenia, Thomas Henry Huxley e alguns outros que no final do século XIX se valeram das ideias de Darwin em análises sociológicas para apoiar teorias racistas ou justificar as desigualdades sociais. Thomas Huxley, por exemplo, em 1888 publicou um artigo[1] no qual um dos

---

1 T. H. Huxley, "Struggle for Existence and Its Bearing on Man", in *Collected Essays*, v. 9. New York: Appleton, 1888, p. 195.

pilares da teoria da evolução – a sobrevivência do mais apto – foi transformado em pura competição: "do ponto de vista moral, o mundo animal é como um combate de gladiadores [...] no qual as criaturas mais fortes, mais ativas e mais astutas sobrevivem para lutar no dia seguinte. O espectador nem precisa baixar o polegar,[2] porque não é dada nenhuma trégua". O mesmo acontecia na Antiguidade, segundo Huxley, também entre os seres humanos em cujas comunidades

> os mais fracos e os mais ignorantes eram esmagados, enquanto os mais resistentes e os mais astutos, os que eram mais aptos a superar as contingências, e não os melhores sob outros aspectos, sobreviviam. Com exceção das relações estabelecidas por laços familiares, limitados e temporários, a vida era uma luta declarada e perpétua. A guerra de todos contra todos, da qual fala Hobbes, era o estado normal da existência.

A partir de Huxley e de muitos outros que depois dele começaram a zombar de qualquer tentativa de explicar relações entre os seres vivos não baseadas no uso da força – fosse ela de qualquer natureza –, essa visão de mundo primitiva e brutal tornou-se tão difundida a ponto de ser percebida hoje como real. É corriqueiro ouvir falar de "lei da selva" em âmbito como mercados econômicos, política internacional, ambiente de trabalho, até mesmo no esporte e na escola: é quase a única

[2] Expressão utilizada para indicar o gesto que, segundo uma tradição popular errônea, demonstrava desaprovação entre os romanos e pela qual, em particular, o público dos jogos de gladiadores rejeitava o pedido de poupar a vida do lutador abatido e ferido [...]. Embora na realidade não tenha sido esse o gesto com que foi solicitada a morte do gladiador (o polegar permanecia na horizontal), a expressão, e o próprio gesto, permaneceram nos contextos italianos significando condenação, reprovação. [N.T.]

maneira de entender as relações entre os seres vivos. Qualquer alternativa é considerada praticamente utópica. Pode-se falar delas – se gostamos de perder tempo em agradáveis discussões filosóficas –, mas elas não têm nada a ver com o mundo real, gerido por relações de força e ponto-final. No entanto, há pouquíssima verdade em tudo isso. Darwin foi bastante cuidadoso em não enunciar absurdos semelhantes: a lei da selva é uma boa ideia para romances de aventura ou para mostrar a predação em documentários, mas não tem nada a ver com as regras que orientam as relações entre os seres vivos.

A ideia de que as relações naturais remontam àquelas representações infantis nas quais o peixe grande come o menor é não só errada como ingênua. As relações entre os seres vivos são incrivelmente mais complexas e governadas por forças muito diferentes da mera competição imaginada pelos darwinistas sociais. Dentre elas, aquela que Piotr Alekseievitch Kropotkin, filósofo, cientista, teórico da anarquia e grande opositor das teses simplistas de Huxley, chamou de *apoio mútuo*. Em 1902 Kropotkin publicou *Apoio mútuo: um fator de evolução*, um célebre tratado que, com base em exemplos da história natural, defendia que o fator crucial para o sucesso da espécie era a cooperação, justamente o "apoio mútuo", e não a concorrência. Derrubando a tese de Huxley, Kropotkin afirma que o verdadeiro princípio da evolução consiste na capacidade de cooperação dos indivíduos. Tese oposta à dos darwinistas sociais. Mas quem tem razão? Kropotkin ou Huxley? É a cooperação ou a competição a verdadeira força motriz que decide o destino dos seres vivos? Embora à primeira vista a resposta pareça difícil – cooperação e competição coexistem, não é fácil indicar sempre e com certeza qual prevalece –, a cooperação tem uma potência geradora superior. Entre Huxley e Kropotkin, é sem dúvida o segundo a ter razão. E para que não pensem que a escolha se deve apenas à minha simpatia pessoal, vou tentar fundamentar essa declaração em evidências sólidas, extraídas principalmente da nossa amada Nação das Plantas.

Ao examinar as inúmeras relações que governam os sistemas naturais, vê-se que o "apoio mútuo" está em todo lugar. Hoje chamado de "simbiose", sua importância para o desenvolvimento da vida foi descoberta na década de 1960 por uma cientista extraordinária, Lynn Margulis, cuja teoria constituiu uma verdadeira revolução. De acordo com Margulis, as células eucarióticas são fruto da evolução das relações simbióticas entre as bactérias.

Agora, porém, é necessário descrever, ainda que em pinceladas, o que diferencia uma célula procariótica de uma célula eucariótica. Células procarióticas são aquelas que compõem as bactérias e cuja principal característica é não ter organelas internas. Na prática, toda célula procariótica é um recipiente formado de uma membrana que envolve um citoplasma dentro do qual não há compartimentalização das funções celulares em organelas específicas. Já as células eucarióticas, ou seja, as células que compõem animais e plantas, têm organelas celulares delimitadas por membranas, cada qual relacionada a funções metabólicas específicas. Entre estas a mais importante é, sem dúvida, o núcleo (o termo "eucarionte" vem do grego εὖ, "verdadeiro", e κάρυον, "núcleo"), que contém o DNA.

Pois bem, uma vez esboçadas as diferenças entre esses dois tipos básicos de célula, voltemos a Margulis, que em 1967[3] apresentou à comunidade científica internacional a teoria segundo a qual algumas organelas fundamentais como o cloroplasto (local da fotossíntese nas plantas) e a mitocôndria (sede da respiração) eram o resultado de uma antiga simbiose. Alguns organismos procariotas especializados em fotossíntese e outros,

---

3 L. Sagan, "On the Origin of Mitosing Cells". *Journal of Theoretical Biology*, n. 14, 1967, pp. 225–74.

especializados em respiração, haviam entrado em células de dimensões superiores, dando origem a uma relação simbiótica. Um bom negócio para todos: as células maiores teriam fornecido moléculas orgânicas e sais minerais, enquanto as menores teriam fornecido energia. Assim teriam nascido as macrobactérias ancestrais das atuais células eucarióticas.

A teoria, dita endossimbiótica exatamente porque prevê uma simbiose, ou seja, uma relação favorável entre dois organismos que vivem um dentro do outro, foi mais tarde renomeada como "teoria endossimbiótica seriada" (SET). Com essa teoria, que na sequência foi amplamente confirmada, Margulis abalou os fundamentos da evolução darwiniana gradual sugerindo que uma das principais novidades da evolução era a aquisição de simbiontes. Isso já não lhes parece uma demonstração maravilhosa do poder do "apoio mútuo"? Organismos simples que, unindo seus destinos, dão vida a um novo tipo de célula, completamente diferente, cuja funcionalidade é muito superior à soma das várias componentes, a ponto de ser a base comum da própria organização das plantas e dos animais.

Mas, se ainda não estiverem convencidos, tenham um pouco de paciência, não faltam evidências para comprovar essa teoria. Tomemos, por exemplo, os liquens, organismos tão extraordinários quanto desconhecidos pela maioria de nós. Essas manchas coloridas de marrom, laranja e amarelo que crescem às árduas penas e muito devagar sobre rochas, monumentos, paredes, e em geral em locais onde nunca se pensaria que a vida pudesse prosperar, são na verdade uma simbiose muito estreita entre um cogumelo e uma alga cujos destinos estão tão interligados que criam uma nova espécie, com nome que a descreve e características totalmente diferentes dos dois simbiontes dos quais deriva.

O cogumelo e a alga extraem um benefício mútuo dessa fusão: o primeiro usa os compostos orgânicos produzidos pela fotossíntese da alga, que por sua vez recebe em troca proteção física, sais minerais e água. E mais: é um caso tão único de como a vida em conjunto garantiu aos dois simbiontes tantas capacidades novas, que chega a ser difícil de acreditar. A possibilidade de resistir a qualquer condição adversa é uma das mais óbvias. Nem o cogumelo, nem a alga, que constituem a simbiose, jamais seriam capazes, por si mesmos, de suportar as condições extremas nas quais os liquens prosperam. Na Antártida, onde existem apenas duas espécies de plantas com flores, os liquens, graças à resistência ao frio, estão presentes com centenas de espécies diferentes. Nos desertos mais secos do planeta, alguns milímetros de água por ano bastam para a sobrevivência deles, que demonstraram capacidade de resistir até mesmo ao ambiente mais perigoso que se possa imaginar: o espaço profundo, cujos extremos térmicos e a perigosa radiação cósmica são letais para qualquer outro ser vivo. Em 2005, os liquens pertencentes espécies *Rhizocarpon geographicum* e *Xanthoria elegans*,[4] mandados em órbita com foguete russo Soyuz, resistiram a quinze dias de completa exposição ao vácuo do espaço, e saíram ilesos.

Graças à cooperação regida pela simbiose, a vida aprendeu a obter resultados que nunca lhe teria sido possível alcançar. Mas é no mundo das plantas que essa arte de viver junto atinge suas realizações mais brilhantes. Seja qual for o campo de estudo ou para onde quer que nossa atenção se volte, da polinização à defesa, da resistência ao estresse em busca de nutrientes, as plantas são mestres indiscutíveis do "apoio mútuo". Tomemos a folha-de-mamute (*Gunnera manicata*), planta herbácea nativa do Brasil com dimensões inimagináveis para qualquer outra erva.

---

[4] L. G. Sancho et al., "Lichens Survive in Space: Results from the 2005 lichens Experiment". *Astrobiology*, n. 7, 2007, pp. 443–54.

Para dar uma ideia, essa planta é capaz de produzir folhas que costumam atingir um diâmetro superior a 130 centímetros, sustentadas por pecíolos que podem atingir também 4 metros. Esse Godzilla herbáceo iniciou uma parceria frutífera há milhões de anos com uma bactéria minúscula, a Nostoc, que além de ser capaz de fazer fotossíntese tem outra característica decididamente fora do comum: é capaz de fixar o nitrogênio atmosférico. O Nostoc consegue capturar a molécula de nitrogênio gasoso (N_2) e, usando uma enzima chamada nitrogenase, reduzi-la a amônia (NH_3), uma forma nitrogenada que pode ser utilizada para a produção de moléculas biológicas importantes, como aminoácidos, proteínas, vitaminas e ácidos nucleicos.

Embora contando assim não pareça grande coisa, a capacidade de fixar o nitrogênio atmosférico é uma habilidade muito complexa e difícil de encontrar na natureza, salvo em alguns pequenos grupos de organismos unicelulares. Imaginem que esses microrganismos são capazes de fazer algo que o ser humano só conseguiu recentemente. O primeiro método de fixação capaz de produzir nitrogênio em escala industrial coube aos noruegueses Kristian Birkeland e Samuel Eyde, que em 1903 conseguiram a façanha de fazer reagir nitrogênio com oxigênio, mas em temperaturas muito altas e com enorme consumo de energia. O problema todo é quebrar a ligação tripla que une os dois átomos de nitrogênio, de modo a torná-los livres para reagir com outras moléculas. Trata-se de uma ligação extremamente sólida, cuja quebra demanda muita energia. Esse motivo, aliado ao fato de que apenas alguns grupos bacterianos são capazes de fixar o nitrogênio, enquanto plantas e animais não, tornou os fixadores de nitrogênio companheiros de viagem muito requisitados no mundo vegetal.

Assim, são inúmeras as sociedades de "apoio mútuo" que contam entre seus fundadores plantas e bactérias fixadoras de nitrogênio. Além da *Gunnera*, cujo gigantesco crescimento é garantido pelo suprimento de nitrogênio fornecido pelo Nostoc, até em espécies muito mais comuns, como as leguminosas, a simbiose entre plantas e bactérias fixadoras de nitrogênio é generalizada, assegurando a ambos os simbiontes uma vida confortável. De fato, o nitrogênio é um dos quatro elementos-chave da vida (os outros são carbono, hidrogênio e oxigênio), e poder contar com um sócio capaz de fixá-lo garante a muitas plantas uma bela vantagem competitiva.

Mas nem só de nitrogênio vivem as plantas, elas precisam encontrar muitos outros nutrientes no solo. Alguns estão presentes em boa quantidade na maior parte dos solos, enquanto outros, como o fósforo, embora essenciais para a vida das plantas, dificilmente estão disponíveis nas quantidades que elas exigem. Como resolver esse problema de reabastecimento? Mais uma vez, a solução passa pela constituição de uma sociedade de "apoio mútuo", denominada micorriza, constituída por cogumelos que vivem em estreita simbiose com as raízes de cerca de 80% das espécies herbáceas e arbóreas.

Em troca de açúcares fornecidos pelas plantas por meio da fotossíntese, esses cogumelos garantem inúmeras vantagens, entre as quais um invólucro fúngico que protege as raízes jovens e frágeis do ataque de patógenos e dos danos provocados pelo cultivo no solo sem nenhuma proteção; uma superfície absorvente muito maior do que a da simples raiz, capaz de assimilar com grande eficiência os elementos minerais (em especial o fósforo) do solo; melhor resistência ao desgaste hídrico e salino; um sistema de comunicação subterrâneo com outras plantas etc. As vantagens são tantas que imaginar as plantas sem essa sociedade de "apoio mútuo" com cogumelos parece praticamente impossível. Enfim, as plantas são professoras de cooperação e por meio de alianças e comunidades conseguiram construir sociedades mutualistas em qualquer ambiente.

A existência tão corriqueira de simbiose entre vegetais provavelmente está relacionada à incapacidade de eles se moverem do local onde nasceram. Nessas condições, construir comunidades estáveis e cooperativas com outros indivíduos com os quais é preciso compartilhar o espaço vital tornou-se imperativo. Não sendo capaz de ir em busca de ambientes ou companheiros melhores, uma planta precisa necessariamente aprender a tirar o máximo proveito da convivência com seus vizinhos. Encontramos essa arte da convivência na maioria das relações entre as plantas. Isso não quer dizer que elas sejam anjos –costumam lutar as próprias batalhas –, mas sua história parece ser um longo entrelaçamento de relações com outros organismos vivos com os quais compartilham o ambiente, que o bom Kropotkin, nascido príncipe, sem dúvida descreveria como "apoio mútuo".

As plantas iniciaram há muito tempo relações cooperativas até mesmo com o ser humano, embora não tenhamos nos dado conta disso. A maioria das plantas que estão ao nosso redor, em nossas casas, nos parques, nas hortas e nos campos são espécies que, com a domesticação, deram início a uma relação especial de cooperação conosco, que pode legitimamente ser definida como simbiose. Porque a domesticação é exatamente isto: uma longa relação durante a qual duas espécies aprendem a ficar juntas e da qual ambas se beneficiam. É verdade que com a domesticação dos cereais resolvemos grande parte parte de nossos problemas alimentares – cerca de 70% das calorias consumidas por toda a humanidade são produzidas a partir de cereais –, mas em troca o trigo, o arroz e o milho tiveram oportunidade de se espalhar por todo o planeta graças ao mais importante e eficiente de todos os vetores: o ser humano. A cooperação é a força por meio da qual a vida prospera e a Nação da Plantas a reconhece como a primeira ferramenta para o progresso das comunidades.

índice onomástico

Anders, William **9**
Arendt, Hannah **54-56**

Birkeland, Kristian **114**
Burke, Marshall **100**

Cortés, Hernán **34, 53-54**

Darwin, Charles **26, 32-34, 37, 108, 110**
Dirzo, Rodolfo **68, 89**
Drake, Frank **19**

Eichmann, Adolf **54-55**
Eyde, Samuel **114**

Fermi, Enrico **18-19, 21**

Galton, Francis **108**

Haeckel, Ernst **33**
Henry, Thomas **108**
Holmes, Bob **21**
Hsiang, Solomon **100**
Hubbert, Marion King **87-88**
Huxley, Thomas Henry **34, 108-10**

Jevons, William Stanley **90**

Kropotkin, Piotr Alekseievitch **110, 116**
Kruger, Dunning **26-27**

Lawrence, Thomas Edward **11-12**
Levi, Primo **73**
Lovell, James **9**

Maria Antonieta **23**
Miguel, Edward **100**
Milgram, Stanley **55-56**
Oldeman, Roelof **57**
Ortega, José **49**

Pariser, Eli **22**
Parkinson, Cyril Northcote **49-51**
Pimm, Stuart **66**
Pizarro, Francisco **53**

Stanley, William **55, 90**

Timiriázev, Kliment Arkadievitch **72**

Vogt, Carl **33**

Weber, Max **51**

sobre o autor

STEFANO MANCUSO nasceu em 1965, em Catanzaro, na Itália. É formado pela Università degli Studi di Firenze (UniFI). Em 2005, fundou o LINV – International Laboratory of Plant Neurobiology –, um laboratório dedicado à neurobiologia vegetal, campo de que foi o fundador, e que explora a sinalização e a comunicação entre plantas em todos os seus níveis de organização biológica. Em 2012, participou da criação de uma "planta robótica", um robô que cresce e se comporta como uma planta, para o projeto Plantoid. Em 2014, inaugurou na UniFI uma *startup* dedicada à biomimética vegetal, ramo de pesquisa e inovação tecnológica baseada na imitação de propriedades das plantas, desenvolvendo um modelo de estufa flutuante chamado "Jellyfish Barge". Publicou, entre outros, os livros *Verde brillante* [Verde brilhante] (2013), em coautoria com Alessandra Viola; *Botanica: viaggio nell'universo vegetale* [Botânica: Viagem ao universo vegetal] (2017); *A incrível viagem das plantas* (Ubu Editora, 2018); e *A planta do mundo* (Ubu Editora, 2021). Em 2018, Mancuso recebeu o XII Prêmio Galileo de escrita literária de divulgação científica pelo livro *Revolução das plantas* (Ubu Editora, 2019). Desde 2001, atua como professor do Departamento de Ciência e Tecnologia Agrária, Alimentar, Ambiental e Florestal da UniFI.

Título original: *La nazione delle piante*
© 2019 Gius. Laterza & Figli, All rights reserved
© 2024 Ubu Editora

ilustrações Mariana Zanetti
edição de texto Maria Emília Bender
revisão Cristina Yamazaki
tratamento de imagem Carlos Mesquita
produção gráfica Marina Ambrasas

EQUIPE UBU
direção editorial Florencia Ferrari
coordenação geral Isabela Sanches
direção de arte Elaine Ramos, Julia Paccola, Nikolas Suguiyama (assistentes)
editorial Bibiana Leme, Gabriela Naigeborin
comercial Luciana Mazolini, Anna Fournier
comunicação / Circuito Ubu Maria Chiaretti, Walmir Lacerda
design de comunicação Marco Christini
gestão Circuito Ubu / site Laís Matias
atendimento Cinthya Moreira

Dados Internacionais de Catalogação na Publicação (CIP)
Bibliotecária Vagner Rodolfo da Silva – CRB 8/9410

M269N Mancuso, Stefano [1965–]
Nação das plantas / Stefano Mancuso; Título
original: *La nazione delle piante*; traduzido por
Regina Silva – São Paulo: Ubu Editora, 2024 / 128 pp.

ISBN 978 85 71261 47 1

1. Ecologia. 2. Biologia. 3. Ciências sociais.
I. Silva, Regina. II. Título.

2023-3637   CDD 577 CDU 574

Índice para catálogo sistemático:
1. Ecologia 577 2. Ecologia 574

UBU EDITORA
Largo do Arouche 161 sobreloja 2
01219 011 São Paulo SP
ubueditora.com.br
professor@ubueditora.com.br
❐ ◯ /ubueditora

tipografias Italian Plate e Tiempos
papel Pólen bold 90 g/m²
impressão Margraf